Peter Jäger

Kompendium Kalibrierung
Edition 2020

Begriffe, Grundlagen und normative Bezüge zum
Thema Kalibrierung

Bibliographische Information der Deutschen
Nationalbibliothek:
Die Deutsche Nationalbibliothek verzeichnet diese
Publikation
In der Deutschen Nationalbibliographie; detaillierte
bibliographische
Daten sind im Internet über http://dnb.dnb.de
abrufbar.

© 2019 Jäger, Peter
p.jaeger.metrologie@web.de
Herstellung und Verlag:
BoD – Books on Demand, Norderstedt

ISBN: 978-3-7504- 3271-0

Inhaltsverzeichnis

Inhaltsverzeichnis

Inhaltsverzeichnis

Vorwort

Dieses Buch soll konzentrierte Informationen zum Thema Kalibrierung geben. Es soll die wichtigsten Normen und die Bezugsstellen führen, ohne dass der Leser sich diese Normen beschaffen, lesen und ganzheitlich verstehen muss.

Die Idee zu diesem Buch entstand aus zahllosen Anfragen – telefonisch, persönlich oder per E-Mail über viele Jahre von Menschen, die sich mit dem Thema konfrontiert sahen und Unterstützung suchten.

Wiederkehrende Fragen um das Thema Messmittelmanagement und Kalibrierung wie „warum muss man…", „wo steht denn…", „kann ich auch …" sollen in diesem Buch kompakt beantwortet werden. Dabei wurde es als wichtig angesehen, eng an den normativen Bezügen zu arbeiten und die erforderlichen Verweise dorthin zu geben.

Dieses Buch ist in Teilen identisch mit dem Buch „Messmittelmanagement und Kalibrierung" des gleichen Autors, BoD, ISBN 9783750434189, es entfallen jedoch die Teile „Aufbau eines Messmittelmanagements" und „Tipps und Tricks".

Definitionen

Alle allgemeinen Definitionen sind entnommen aus:

Burghart Brinkmann
Internationales Wörterbuch der Metrologie
Grundlegende und allgemeine Begriffe und zugeordnete Benennungen (VIM)
Deutsch-englische Fassung
ISO/IEC-Leitfaden 99:2007
Korrigierte Fassung 2012

Dieses Werk ist in diesem Buch Referenz für alle metrologischen Begriffe.

Einleitung: Messtechnik im Alltag

Sicherung der Produktqualität ist für jedes Unternehmen von immer größerer Bedeutung, besonders im Hinblick auf die Notwendigkeit, seine wirtschaftliche Stellung auf dem Markt zu halten oder zu festigen.

Hohe Qualitätsanforderungen an ein Produkt bedeuten heutzutage zwingend, dass ein angemessenes Qualitätsmanagementsystem vorhanden sein muss (Stichwort "Produkthaftung").

Diese Erkenntnisse sind nicht neu –die moderne Technologie und die Möglichkeiten sowohl in der mechanischen Fertigung als auch die Möglichkeiten der elektronischen Messdatenerfassung und – verwertung haben frühere Fertigungsverfahren abgelöst. Ein „passt schon" oder einen „Daumenwert" gibt es nicht mehr.

Der Zwang zu wirtschaftlichem Handeln und die moderne Fertigungstechnologie führen dazu, Abläufe zu prozessualisieren.

In Bezug auf die Kernfaktoren unterscheiden sich Geschäftsprozesse und technische oder Fertigungsprozesse kaum. Um Unschärfen zu reduzieren, soll festgestellt werden, dass sich die weiteren Betrachtungen und Ausführungen in Abgrenzung zu Dienstleistungen ausschließlich auf technische Prozesse beziehen.

Metrologie – grundsätzliche Kategorisierung

Messtechnik wird – ganzheitlich betrachtet – als Metrologie bezeichnet. Die Metrologie ist die Lehre von den Maßen und den Maßsystemen. In der 3. Ausgabe des VIM von 2007 wird Metrologie als „Wissenschaft vom Messen und ihre Anwendung" definiert.

Um den oben beschriebenen Erwartungen und Forderungen zu genügen, kann der große Bereich der Metrologie in drei grundsätzliche Kategorien eingeteilt werden:

- gesetzliches Messwesen
- wissenschaftliche Metrologie
- Industrielle Metrologie

Gesetzliches Messwesen

Die grundlegenden Aufgaben und Ziele des gesetzlichen Messwesens sind im Eichgesetz verankert, das auch die in Deutschland geltenden europäischen Anforderungen enthält. Zweck dieses Gesetzes ist es, den Verbraucher beim Erwerb messbarer Güter und Dienstleistungen zu schützen und im Interesse eines lauteren Handelsverkehrs die Voraussetzungen für richtiges Messen im geschäftlichen Verkehr zu schaffen, die Messsicherheit im Gesundheitsschutz, Arbeitsschutz und Umweltschutz sowie in ähnlichen Bereichen des öffentlichen Interesses zu gewährleisten und das Vertrauen in amtliche Messungen zu stärken.

In der "Organisation Internationale de Métrologie Légale" (OIML) arbeiten die Vertreter von knapp 100 Staaten an einheitlichen Bau- und Prüfvorschriften für alle Messgeräte. Im Zertifizierungssystem der OIML bescheinigen die von den Mitgliedsstaaten herausgegebenen Zertifikate, dass eine bestimmte Messgerätebauart mit den Empfehlungen der OIML übereinstimmt. So kann eine in einem Lande geprüfte und zugelassene Bauart in einem anderen ohne Wiederholung der Prüfung zugelassen werden.

In Deutschland gibt es als nationale Gruppe die Arbeitsgemeinschaft Mess- und Eichwesen (AGME).

Sie ist das Koordinierungsorgan der Eichaufsichtsbehörden. Ihr gehören die Leiter der Eichaufsichtsbehörden der Länder und als Gast ein Vertreter der Physikalisch-Technischen Bundesanstalt (PTB) an. Der Vorsitz wechselt alle 2 Jahre.

Um für die Verbände der Wirtschaft und die Partner in den anderen Mitgliedstaaten einen sich nicht alle 2 Jahre ändernden Ansprechpartner zu schaffen, ist eine Geschäftsstelle eingerichtet worden.
Die Arbeitsgemeinschaft setzt die in den nationalen Gremien gefassten Beschlüsse für den Vollzug durch die Eichämter und die staatlich anerkannten Prüfstellen um. Die für einen einheitlichen Vollzug in der Praxis relevanten technischen, organisatorischen und rechtlichen Fragen werden abgestimmt. Einzelheiten können der Geschäftsordnung der AGME entnommen werden.

Wissenschaftliche Metrologie

Die wissenschaftliche Metrologie ist kein auf Universitäten oder Forschungseinrichtungen zu reduzierendes Fachgebiet.

Allgemein bekannt ist, dass die Physikalisch-Technische Bundesanstalt mit Hauptsitz in Braunschweig der „Wächter" für die nationalen Normale der Bundesrepublik Deutschland ist. Was genau dort geleistet wird, ist weniger bekannt – dabei haben die Ergebnisse der wissenschaftlichen Metrologie direkten – wenn auch vielleicht zeitverzögerten – Einfluss auf Messtechnik im Alltag.
Die drei hauptsächlichen Entwicklungs- und Tätigkeitsfelder sind:

1. Definition von international akzeptierten und anerkannten Einheiten – zum Beispiel dem Kilogramm
2. Der Aufbau und Erhalt einer nationalen und internationalen Rückführbarkeit jeder physikalischen Messgröße und Anschlussmöglichkeit vom einfachen Messmittel über Transfer-, und Gebrauchsnormalen bis hin zum nationalen Normal.

3. Die Realisierung der Darstellung der einzelnen Parameter durch stabile, weltweit wiederholbare Techniken (siehe hierzu auch „das internationale Einheitensystem SI")

Beispielsweise galt lange Zeit als internationale Temperaturreferenz die IPTS68; eine (wissenschaftliche) Definition der Temperaturskala. Im Jahr 1990 wurde – von der Öffentlichkeit weitestgehend unbemerkt, aber in den Folgejahren konsequent umgesetzt – mit der ITS90 eine neue Temperaturreferenz in Kraft gesetzt. Alle geeichten und kalibrierten Temperaturmessgeräte – auch z.B. das Fieberthermometer für knappe 5 Euro aus der Apotheke – sind heute auf Basis dieser technischen Grundlage geeicht oder kalibriert worden.

Industrielle Metrologie

Industrielle Metrologie oder Messtechnik ist die Messtechnik, die jeden Tag in Entwicklung und Produktion eingesetzt wird und die maßgeblich für die Qualität von Alltagsprodukten, aber auch für die Sicherheit in vielen Bereichen des täglichen Lebens verantwortlich ist.

In der industriellen Metrologie ist zwischen der consumer-Technik und der professionellen industriellen Messtechnik zu unterscheiden.

In der industriellen Messtechnik gibt es eine sehr vielschichtige Messgerätelandschaft:

Im einfachen Fall hat ein Handwerksbetrieb eine Anzahl von Mess- und Prüfgeräten im Einsatz, mit denen Servicearbeiten durchgeführt werden. Beispiele: ein Betrieb für Radio- oder Fernsehreparaturen hat Multimeter, Oszilloskope oder Analysatoren in Nutzung; eine Autoreparaturwerkstatt hat Multimetern; einen Bremsenprüfstand oder Drehmomentschlüssel.

In fertigenden Betrieben wie zum Beispiel der Automobilindustrie werden zahlreiche systemische oder auch allgemeine, handelsübliche Messgeräte und -systeme kontinuierlich eingesetzt.

Kompendium Kalibrierung

In der Automobilindustrie gibt es eine ganze Reihe von messtechnischen Schwerpunkten: z.B. die Schraubtechnik, dimensionelle Messtechnik, Einpresstechnik und den großen Bereich der elektronischen Messtechnik.
Elektronik ist in einem modernen Kraftfahrzeug überall zu finden. Eine unüberschaubare Vielfalt von Messgeräten und Systemanalysatoren stehen den Herstellern zur Verfügung.
Aber auch in der Verschraubungstechnik gibt es allgegenwärtige Prüf- und Messsysteme: praktisch jede Schraube in einem Kraftfahrzeug unterliegt eigenen und strikt einzuhaltenden Vorgaben. Während offensichtliche Verschraubungen wie z.B. an Radmuttern oder Zylinderköpfen allgemein bekannt sind, wird kaum wahrgenommen, dass z.B. auch Verschraubungen für das Rückhaltesystem ein zu thematisierendes Problemfeld sind – hier hat es, fast unbemerkt von der Öffentlichkeit, bei mindestens einem Hersteller bereits eine Rückrufaktion wegen fehlerhafter oder schlechter Verschraubung gegeben.

Dieser gewaltige Bedarf an Messtechnik führte zu einem weiteren Industriezweig: die Produktion, Wartung und letztendlich Kalibrierung von Systemen für die Fertigung.
Die oben genannten Systeme z.B. der Automobilindustrie sind zur Schraubanalyse oder Drehmomentüberwachung.

Bei allen Fertigungsprozessen sind heute Qualitätsmanagementsysteme in der Anwendung. Diese Systeme definieren in der Regel Prozesse, nach denen gefertigt wird. Ein Prozess ist aber nicht nur eine einfache Vorgabe, etwas nach festgelegten Regeln zu tun – ein Prozess ist im Wesentlichen auch durch Steuerungselemente gekennzeichnet, mit denen der Prozess „in der Spur" gehalten und korrigiert werden kann. Immer ist bei technischen Prozessen ein oder mehrere Messwerte Grundlage für eine qualitative Bewertung und Entscheidungsgrundlage für ein „i.O." (= in Ordnung) oder zu treffende Eingriffe in den Prozess zur Justierung.

Das internationale Einheitensystem SI

Alle Messungen und Messgrößen sind auf die nur sieben Basisgrößen des internationalen Einheitensystems SI (System International) zurückführbar.

Diese Basisgrößen sind

- Länge
- Masse
- Zeit
- Elektrischer Strom
- Thermodynamische Temperatur
- Stoffmenge
- Lichtstärke

Während die meisten Messgrößen auch im Alltag bekannt sind, können Stoffmenge und Lichtstärke eher weniger zugeordnet werden.

Aber genau hier kann die Bedeutung der Messtechnik und die Einflüsse auf den Umgang im Alltag verdeutlicht werden: Kaufte man bisher Leuchtmittel, waren dies eine Glühlampe oder Halogenlampe. Die Angabe der Leistungsaufnahme („Wattzahl") wurde in den Köpfen der Käufer mit einer zu erwartenden Helligkeit gleichgesetzt.

Erst mit der Marktfähigkeit moderner LED-Leuchten funktioniert diese Zuordnung nicht mehr. Die Leuchtmittelhersteller geben nun vielmehr die Lichtstärke ihres Produktes – zumeist in Lumen – an.

Eine Dimension, die für viele Menschen kaum vorstellbar oder fassbar war, erlangt langsam „Gesicht", man kann sich unter einer Lumenangabe etwas vorstellen und Produkte miteinander vergleichen.
Alle physikalischen Größen sind in einem System von Dimensionen organisiert. Jede der sieben Basisgrößen des SI hat ihre eigene Dimension, die symbolisch durch einen einzigen Großbuchstaben in aufrechter (nicht kursiver) Grundschrift ohne Serife, dargestellt werden.

Definierende Naturkonstanten

Seit dem 20. Mai 2019 bilden sieben Naturkonstanten die Grundlage des neuen Internationalen Einheitensystems SI und damit auch die Grundlage für international vergleichbares Messen:

- Frequenz des Hyperfeinstrukturübergangs des Grundzustands im 133Cs-Atom
  $\Delta v = 9\,192\,631\,770\ \text{s}^{-1}$
- Lichtgeschwindigkeit im Vakuum
  $c = 299\,792\,458\ \text{m s}^{-1}$
- Planck-Konstante
  $h = 6{,}626\,070\,15 \cdot 10^{-34}\ \text{J s})$
- Elementarladung
  $e = 1{,}602\,176\,634 \cdot 10^{-19}\ \text{C}\ (\text{C} = \text{A s})$
- Boltzmann-Konstante
  $k = 1{,}380\,649 \cdot 10{-}23\ \text{J K}^{-1}$
- Avogadro-Konstante
  $N_A = 6{,}022\,140\,76 \cdot 10^{23}\ \text{mol}^{-1}$
- Photometrisches Strahlungsäquivalent
  $K_{cd} = 683\ \text{cd sr W}^{-1}$

Ziel war schon lange, keine Artefakte zu nehmen, um die Einheit zu definieren, sondern eine Naturkonstante.

Dieses Ziel wurde nun erstmals erreicht.

SI-Einheiten

Umgesetzt in die SI Grundeinheiten ist deren aktuelle Definition:

Sekunde (s)
1 s $\quad = 9\ 192\ 631\ 770/\Delta v$

Meter (m)
1 m $\quad = (c/299\ 792\ 458)$ s
$\qquad = 30{,}663\ 318\dots\ c/\Delta v$

Kilogramm (kg)
1 kg $\quad = (h/6{,}626\ 070\ 15 \cdot 10^{-34})$ m^{-2} s
$\qquad = 1{,}475\ 521\dots \cdot 10^{40}$ h $\Delta v/c^2$

Ampere (A)
1A $\quad = e/(1{,}602\ 176\ 634 \cdot 10^{-19})$ s-1
$\qquad = 6{,}789\ 686\dots \cdot 10^8\ \Delta v\ e$

Kelvin (K)
1K $\quad = (1{,}380\ 649 \cdot 10^{-23}/k)$ kg m^2 s^{-2}
$\qquad = 2{,}266\ 665\dots\ \Delta v\ h/k$

Mol (mol)
1 mol $\ = 6{,}022\ 140\ 76 \cdot 10^{23}/N_A$

Candela (cd)
1 cd $\quad = (K_{cd}/683)$ kg m^2 s^{-3} sr^{-1}
$\qquad = 2{,}614\ 830\dots \cdot 10^{10}\ (\Delta v)^2\ h\ K_{cd}$

Kompendium Kalibrierung

Das Internationale Einheitensystem (SI) wird von nahezu 100 Staaten mitgetragen. Jetzt erhält das SI eine grundlegende Auffrischung, sodass es allen wissenschaftlichen und technischen Herausforderungen des 21. Jahrhunderts gelassen entgegensehen kann.
Naturkonstanten wie die Lichtgeschwindigkeit oder die Ladung des Elektrons werden den Einheiten die bestmögliche Definitionsgrundlage liefern.
Schon Max Planck brachte im Jahr 1900, als er sein Strahlungsgesetz formulierte, „Constanten" und die Idee „natürlicher Maßeinheiten" ins Spiel, gültig für „alle Zeiten und für alle, auch außerirdische und außermenschliche Culturen".

Alle anderen als die zuvor dargestellten Größen sind abgeleitete Größen. Sie können durch die Basisgrößen mittels physikalischer Gleichungen ausgedrückt werden. Ihre Dimensionen werden als Produkt von Potenzen der Dimensionen der Basisgrößen anhand der Gleichungen dargestellt, die die abgeleiteten Größen mit den Basisgrößen verknüpfen.

Diese Basiseinheiten, die durch die Physikalisch-Technische Bundesanstalt aufbewahrt, gepflegt und weitergegeben werden, sind natürlich kein Selbstzweck. Sie sind die Grundlage für das gesetzliche Messwesen in der Bundesrepublik Deutschland.

Alle Messungen, die im Warenverkehr, im Gesundheitswesen, in kritischen technischen Anwendungen und weiteren Bereichen qualitäts- oder quantitätsrelevant gemacht werden, werden durch verschiedene gesetzliche oder qualitätsrelevante Vorgaben auf diese Basiseinheiten bei der PTB zurückgeführt.

Die für die Basisgrößen verwendeten Zeichen und die Zeichen, die verwendet werden, um ihre Dimension anzuzeigen, sind wie folgt:

Basisgrößen und Dimensionen, die im SI verwendet werden:

Basisgröße	SI-Einheit	Zeichen der Größe	Zeichen der Dimension
Länge	Meter	l, x, r, etc.	L
Masse	Kilogramm	m	M
Zeit, Dauer	Sekunde	t	T
Elektrischer Strom	Ampere	I, i	I
Thermodynamische Temperatur	Kelvin	T	Θ
Stoffmenge	Mol	n	N
Lichtstärke	Candela	Iv	J

Tabelle 1: SI-Einheiten

Metrologische Staatsinstitute

Für die nationale Umsetzung des SI sind in der Regel die metrologischen Staatsinstitute zuständig.

Beispiele:

- Deutschland:
  Physikalisch-Technische Bundesanstalt (PTB)
  (in der DDR war es das Amt für
  Standardisierung, Meßwesen und Warenprüfung
  ASMW),
- Schweiz:
  Eidgenössisches Institut für Metrologie (METAS),
- Österreich:
  Bundesamt für Eich- und
  Vermessungswesen (BEV),
- Großbritannien:
  National Physical Laboratory (NPL) und
- USA:
  National Institute of Standards and
  Technology (NIST).

Eine Anwendungspflicht des SI entsteht erst durch Gesetze oder Rechtsprechung einzelner Staaten.

Gesetze, die die Einführung des SI regelten, traten 1970 in der Bundesrepublik Deutschland (Einheiten- und Zeitgesetz), 1973 in Österreich (Maß- und Eichgesetz), 1974 in der DDR und 1978 in der Schweiz in Kraft; 1978 waren alle Übergangsregelungen betreffend Nicht-SI-Einheiten abgeschlossen.

In der EU ist die Verwendung von Einheiten im Bereich des gesetzlichen Messwesens unter anderem durch die EG-Richtlinie 80/181/EWG weitgehend vereinheitlicht worden.

In der Europäischen Union, der Schweiz und den meisten anderen Staaten ist die Benutzung des SI im amtlichen oder geschäftlichen Verkehr gesetzlich vorgeschrieben. die Verwendung von zusätzlichen Einheiten in der EU wurde mit der Richtlinie 2009/3/EG unbefristet erlaubt (durch vorhergehende Richtlinien war dies ursprünglich nur bis zum 31. Dezember 2009 möglich).

Dies wurde durchgesetzt, um Exporte von Waren in Drittländer nicht zu behindern.

Akkreditierung

Der Begriff „akkreditieren" kommt aus dem Lateinischen und bedeutet „Glauben schenken".

Es gilt angesichts der Globalisierung für Anforderungen an die Qualität von Waren und Dienstleistungen einen Maßstab und eine Richtlinie festzulegen, damit eine Vergleichbarkeit überhaupt möglich ist. Nur dann lassen sich minderwertige Produkte identifizieren und reklamieren.

Grundsätzliches Maß aller Dinge im wortwörtlichen Sinn ist für alle <u>metrologischen Angelegenheiten</u> die Verwahrung und Weitergabe der Parameter der nationalen Normale bei der Physikalisch technischen Bundesanstalt PTB in Braunschweig.
Die PTB kann aber die Aufgabe der messtechnischen Weitergabe bis hin zum Endverbraucher gar nicht wahrnehmen – „zwischengeschaltete" Stellen (der Wirtschaft) werden benötigt. Da diese nun Aufgaben wahrnehmen, die höchsten technischen und administrativen Anforderungen genügen müssen, andererseits aber natürlich auch wirtschaftlichen Interessen unterliegen, könnte es zu einem Konflikt kommen.

Um klare Regeln zu schaffen, die Kalibrierung – je nach Parameter – vergleichbarer Qualität und Mindestanforderungen zu schaffen, werden Kalibrierlabore bei Vorliegen und dem Nachweis festgelegter Voraussetzungen „zugelassen", akkreditiert.

Diese Akkreditierung erfolgt nicht ausschließlich auf Basis einer Papierlage; ein Akkreditierungsaudit vor Ort ist ebenfalls Voraussetzung und wird immer als Erst- und später als Folgeauditierung durchgeführt.

Diese Auditierung und die nachfolgenden Bewertungen stellen sicher, dass die überprüften Produkte, Verfahren, Dienstleistungen oder Systeme hinsichtlich ihrer Qualität und Sicherheit verlässlich sind, sie einem technischen Mindestniveau entsprechen und mit den Vorgaben entsprechender Normen, Richtlinien und Gesetze konform sind. Daher werden diese objektiven Bestätigungen auch als **Konformitätsbewertung** bezeichnet.

DKD

Die Abkürzung „DKD" steht für „Deutscher Kalibrierdienst". Der DKD war bis Anfang 2010 die Stelle, die über den Deutschen Akkreditierungsrat DAR Kalibrierlabore der Privatwirtschaft und von Behörden und Militär akkreditierte.

Der DKD war ein Zusammenschluss von Kalibrierlaboratorien in Industrieunternehmen, Prüfinstitutionen, technischen Behörden und sollte eine flächendeckende metrologische Präsenz in Deutschland sicherstellen. Um Mitglied im DKD werden zu können, musste das Kalibrierlaboratorium im Rahmen einer Akkreditierung seine personelle und messtechnische Kompetenz nachweisen. Es war dann berechtigt, Kalibrierungen zu den akkreditierten Messgrößen und Messbereichen durchzuführen und in einem DKD-Kalibrierschein zu dokumentieren. Dieser DKD-Kalibrierschein galt auf Grund der Akkreditierung und der damit verbundenen Überwachung der Fähigkeiten des Kalibrierlaboratoriums als Nachweis der Rückführbarkeit gemäß ISO 17025 und ISO 9001.

Das Akkreditierungswesen wurde in Deutschland zum 1. Januar 2010 aufgrund der Verordnung (EG) Nr. 765/2008 umgestellt. Die Akkreditierungsstelle des Deutschen Kalibrierdienstes (DKD) wurde in der

Folge zum 17.12.2009 in die Deutsche Akkreditierungsstelle GmbH (DAkkS) überführt.

Die DKD- Fachausschüsse werden jedoch weiterhin als technische Gremien unter der Schirmherrschaft der PTB weitergeführt.

DAkkS

DAkkS ist die Abkürzung für „Deutsche Akkreditierungsstelle". Diese Stelle ist die die nationale Akkreditierungsstelle der Bundesrepublik Deutschland. Sie handelt nach dem Akkreditierungsstellengesetz (AkkStelleG) als alleiniger Dienstleister für Akkreditierung in Deutschland.

Die DAkkS arbeitet nicht gewinnorientiert. Sie ist eine GmbH, deren Gesellschafter die Bundesrepublik Deutschland, die Bundesländer Bayern, Hamburg, Niedersachsen, Nordrhein-Westfalen und Sachsen-Anhalt und durch den Bundesverband der Deutschen Industrie e. V. (BDI) vertreten die deutsche Wirtschaft.

Die DAkkS akkreditiert unter anderem Kalibrierlabore, d.h. nach einer (strengen) Prüfung der Erfüllung von festgelegten Vorgaben wird ein Kalibrierlabor „zugelassen". Es hat den Nachweis erbracht, gemäß den DAkkS Richtlinien zu arbeiten und darf dafür das DAkkS Logo in seinen Kalibrierscheinen führen.

Kalibrierlaboratorium mit Akkreditierung

Wird in Deutschland von einem akkreditierten Kalibrierlaboratorium gesprochen, so ist immer eine Akkreditierung durch die DAkkS auf Grundlage der DIN EN ISO/IEC 17025, „Allgemeine Anforderungen an die Kompetenz von Prüf- und Kalibrierlaboratorien" gemeint.

In der DIN EN ISO/IEC 17025:2018 heißt es – neu und im Gegensatz zur früheren Version:
*„Dieses Dokument wurde mit dem Ziel entwickelt, das Vertrauen in die Arbeit von Laboratorien zu fördern. Dieses Dokument enthält Anforderungen für Laboratorien, damit diese nachweisen können, dass sie kompetent arbeiten und fähig sind, valide Ergebnisse zu erzielen. **Laboratorien, welche dieses Dokument erfüllen, werden auch allgemein in Übereinstimmung mit den Grundsätzen von ISO 9001 arbeiten."***

Gab es im früheren Dokument die Botschaft „Akkreditierung nach 17025" hat nicht zwangsläufig etwas mit „Zertifizierung nach DIN EN ISO 9001" gemein, so hat man in den Normenausschüssen auf die Realität reagiert und erkannt

- Dass die überwiegende Mehrheit der akkreditierten Kalibrierlabore auch eine Zertifizierung nach ISO 9001 besitzen
- Dass es zahlreiche inhaltlich Schnittmengen – hier: die allgemeinen QM-Anteile – in den beiden Qualitätsmanagementhandbüchern gibt

- Diese beiden Segment nicht widersprüchlich sind, sondern sich durchaus ergänzen und der bis dato praktizierten Umgang eine Doppelarbeit und Doppelbelastung für alle Parteien bedeutet

Dementsprechend kann / soll mit der Neuausgabe der DIN EN 17025:2018 ein gemeinsamer allgemeiner QM-Anteil erstellt und für Zertifizierung und Akkreditierung genutzt werden.

Trotzdem gilt: wird ein geeignetes Kalibrierlabor (aus-) gesucht, sollte das Augenmerk dementsprechend nicht auf einer Zertifizierung nach ISO 9001 liegen, sondern auf einer Akkreditierung nach DIN EN ISO/IEC 17025.
Während die ISO 9001 grundsätzliche Forderungen an ein Qualitätsmanagement stellt, ist die DIN EN ISO/IEC 17025 speziell auf Kalibrierlabore zugeschnitten.

In dieser Vorschrift umfassen allein die technischen Anforderungen an ein Kalibrierlabor jeweils einen Maßnahmenkatalog für:

- Das Personal
- Die Räumlichkeiten und Umgebungsbedingungen
- Die Prüf- und Kalibrierverfahren und deren Validierung
- Die Auswahl von Verfahren
- Vom Laboratorium entwickelte Verfahren
- Nicht in normativen Dokumenten festgelegte Verfahren
- Validierung von Verfahren
- Schätzung der Messunsicherheit
- Die Lenkung von Daten
- Die Einrichtungen
- Die Messtechnische Rückführung
- Besondere Anforderungen
- Bezugsnormale und Referenzmaterialien
- Probenahme
- Handhabung von Prüf- und Kalibriergegenständen
- Sicherung der Qualität von Prüf- und Kalibrierergebnissen

Ein Kalibrierlabor, welches (mit entsprechendem Aufwand) nach DIN EN ISO/IEC 17025 akkreditiert wurde, kann für die akkreditierten Parameter immer als vertrauenswürdige Kalibrierstelle ausgewählt werden.

Kalibrierungen, die in einem akkreditierten Labor durchgeführt wurden, stehen für die Zuverlässigkeit der Messergebnisse (einschließlich Unsicherheiten) und sind unerlässlich bei einer Zertifizierung nach EN ISO 9001, in der eine Rückführbarkeit auf nationale Normale für die genutzten Messmittel gefordert wird.

Aber auch angebotene oder durchgeführte Kalibrierungen außerhalb des Kalibrierumfangs können als Werkskalibrierungen Vertrauen entgegen gebracht werden – ein Labor, welches den oben beschriebenen Aufwand betreibt wird nicht außerhalb seines Qualitätsmanagementsystems arbeiten – garantieren kann dies allerdings niemand. So bleibt es immer eine Entscheidung auf Bedarfs- und Datenbasis, ob eine Werks- oder DAkkS-Kalibrierung gefordert wird.

Abzuraten ist jedoch von Kalibrierdiensten ohne jegliche Zertifizierung oder Akkreditierung – eine „passt-so" Kalibrierung hat keinen (metrologischen) Wert.

Trotz der oben beschriebenen Abgrenzung zur ISO 9001 besitzt ein akkreditiertes Kalibrierlabor in der Regel auch eine Zertifizierung nach ISO 9001.

Dies liegt an den gleich ausgerichteten Vorgaben für eine prozessorientierte Umsetzung. Diese sind in der ISO 9001 jedoch allgemeingültig gefasst und passen sowohl auf dienstleistende als auch auf produzierende Betriebe / Unternehmungen.
Daher wurde speziell für Kalibrierlabore die DIN EN ISO 10012, „Messmanagementsysteme . Anforderungen an Messprozesse und Messmittel" geschaffen.

Diese Vorschrift ergänzt die oben genannten DIN EN ISO/IEC 17025 und ISO 9001 und gibt den Kalibrierlaboren Werkzeuge und Richtlinien zur Umsetzung einer Kalibrierung mit hohen Qualitätsstandards und vergleichbarer Qualität an die Hand.

Normative Grundlagen

Im Dezember 1989 wurde in Deutschland das Produkthaftungsgesetz (Gesetz über die Haftung für fehlerhafte Produkte – ProdHaftG) in Kraft gesetzt. Es regelt die Haftungspflicht eines Herstellers für fehlerhafte Produkte. Das Gesetz zielt darauf ab, bei der Herstellung von Produkten den Hersteller zu höchster Sorgfalt zu zwingen, um Gefahren, die von einem Produkt ausgehen können, zu minimieren oder auszuschließen und so den Verbraucher zu schützen. Während das Gesetz die Haftungsbedingungen regelt, geben ergänzende Vorschriften und Normen Durch- und Umsetzungsvorgaben.

Eine dieser Vorgaben ist die Normenreihe ISO 9000, nach der heute sehr viele (nicht nur produzierende) Betriebe zertifiziert sind. In ihr sind Anforderungen an Qualitätsmanagement<u>systeme</u> festgelegt, die als Werkzeuge zur Erzielung von festgelegten Qualitätsstandards und damit der Produktsicherheit und dem Schutz des Endverbrauchers dienen sollen.

Eine Zertifizierung nach ISO 9000 ist ein Nachweis, der im Produkthaftungsgesetz geforderten Sorgfaltspflicht durch die Einrichtung geeigneter Prozesse und den Aufbau eines ganzheitlichen Qualitätsmanagementsystems genüge getan zu haben.

Kompendium Kalibrierung

Es gibt jedoch eine Vielzahl von QM-relevanten Normen oder Normen / Vorschriften mit Kalibrierbezug.

Die wichtigsten Bezüge sollen nachfolgend genannt werden. Die Liste ist ohne Anspruch auf Vollständigkeit.

- DKD 4 Rückführung von Mess- und Prüfmitteln auf nationale Normale
- Internationales Wörterbuch der Metrologie. Grundlegende und allgemeine Begriffe und zugeordnete Benennungen (VIM) – Deutsch-englische Fassung ISO/IEC-Leitfaden 99:2007 (Beuth Wissen) Taschenbuch – 7. August 2012 von DIN e.V. (Herausgeber), Burghart Brinkmann (Autor)
- DIN EN ISO/IEC 17000:2005-03: Konformitätsbewertung – Begriffe und allg. Grundlagen
- DAkkS-DKD-5: Anleitung zum Erstellen eines Kalibrierscheins (Abschnitt A, Pkt. 2)
- DIN EN ISO 10012:2003: Messmanagementsysteme – Anforderungen an Messprozesse und Messmittel
- ILAC-G8:03/2009: Guidelines on the Reporting of Compliance with Specification
- DIN EN ISO 14253-1:1999: Geometrische Produktspezifikationen (GPS) – Prüfung von Werkstücken und Messgeräten durch Messen;

Teil 1: Entscheidungsregeln für die
Feststellung von Übereinstimmung oder
Nichtübereinstimmung mit Spezifikationen
* UKAS M3003: The Expression of Uncertainty
and Confidence in Measurement (Edition 2,
2007), Appendix M Assessment of Compliance
with Specification

Die drei präsentesten Normen sollen nun in Teilen
angesprochen, relevante Passagen sollen besprochen
werden:
> DIN EN ISO 9001:2015
Qualitätsmanagementsysteme –
Anforderungen
> IATF 16949 Anforderungen an
Qualitätsmanagementsysteme für die Serien-
und Ersatzteilproduktion in der
Automobilindustrie
(BMW, Chrysler, Daimler, Fiat, Ford, General
Motors, PSA, Renault, VW)
> DIN EN ISO 17025:2018
Allgemeine Anforderungen an die Kompetenz
von Prüf und Kalibrierlaboratorien

ISO DIN EN ISO 9001:2015

Für den Bereich der Mess- und Prüfmittel ist ein wesentlicher Abschnitt der ISO 9001:2015 der Abschnitt 7.1.5 ff. Er ist die verbindliche Grundlage für den Aufbau und Betrieb eines Messmittelmanagementsystems:

ISO DIN EN ISO 9001:2015, Ziff 7.1.5 ff

Die Organisation muss die Ressourcen bestimmen und bereitstellen, die für die Sicherstellung gültiger Überwachungs- und Messergebnisse benötigt werden, um die Konformität von Produkten und Dienstleistungen mit festgelegten Anforderungen nachzuweisen.

Die Organistion muss sicherstellen, dass die bereitgestellten Ressourcen
a) für die jeweilige Art der unternommenen Überwachungs und Messtätigkeiten geeignet sind;
b) aufrechterhalten werden, um deren fortlaufende Eignung sicherzustellen

Die Organisation muss geeignete dokumentierte Informationen als Nachweis für die Eignung der Ressourcen zur Überwachung und Messung aufbewahren.

Damit werden feste Rahmen für den Einsatz und die Nutzung von Mess- und Prüfgeräten in einem (zertifizierten) Betrieb vorgegeben.

Im folgenden Absatz wird es sehr konkret:

„7.1.5.2 Messtechnische Rückführbarkeit
Wenn die messtechnische Rückführbarkeit eine
Anforderung darstellt,... „

Bereits in dem o.a. Einstiegssatz macht die Norm mit dem Wort „wenn" eine Einschränkung – offensichtlich ist nicht jedes Mess- und Prüfgerät von den nachfolgend aufgeführten Maßnahmen betroffen. Dies bedeutet, dass man sich beim Aufbau eine Messmittelmanagementsystems mit den Messgeräten im Betrieb nicht nur hinsichtlich ihrer Funktion sondern auch hinsichtlich ihrer Anwendung auseinandersetzen sollte.

Hinweis:
Tipps und Hinweise zur Umsetzung werden im zweiten Teil dieses Buches im Abschnitt 1 „Grundsatzverzeichnis Mess- und Prüfgeräte" gegeben.

Kompendium Kalibrierung

... oder von der Organisation als wesentlicher Beitrag zur Schaffung von Vertrauen in die Gültigkeit der Messergebnisse angesehen wird, muss das Messmittel:

> *a. in bestimmten Abständen oder vor der Anwendung gegen Normale kalibriert, verifiziert oder beides werden, die auf internationale oder nationale Normale rückgeführt sind; wenn es solche Normale nicht gibt, muss die Grundlage für die Kalibrierung oder Verifizierung als dokumentierte Information aufbewahrt werden;*

In diesem Satz stecken neben der technisch ausgerichteten Anforderung, präzise Mess- und Prüfgeräte vorzuhalten und einzusetzen auch ein auf Nachhaltigkeit ausgerichteter Ansatz: es ist demnach nicht ausreichend, ein Mess- und Prüfgerät kalibriert zu beschaffen oder einmalig kalibrieren zu lassen, sondern diese Maßnahme muss intervallweise oder Einsatzfallbezogen wiederholt werden.

In dieser (aktuellen) Fassung der ISO 9001 wird sogar eine rückführbare Kalibrierung gefordert. Dies wird häufig interpretiert, dass jedes Messgerät rückführbar kalibriert sein muss. Der genaue Wortlaut ist aber:

„... gegen Normale kalibriert, verifiziert oder beides *werden, die auf internationale oder nationale Normale rückgeführt sind, ...*"

Dies erlaubt durchaus den Einsatz eines Werksnormals, an dem die Gebrauchsmessmittel kalibriert werden. Beispiel: ein Kalibriersystem für Drehmomentschlüssel ist rückführbar – in Deutschland durch eine DAkkS-Kalibrierung – kalibriert und steht im Betrieb (= „der Organisation") zur Verfügung. Damit können je nach Anwendungsfall die betrieblichen Drehmomentschlüssel als Werkskalibrierung kalibriert werden.

Der Beauftragte oder Messgerätenutzer wird im weiteren Text gezielt angehalten, seine Geräte auch visuell zu kennzeichnen und Schutzmaßnahmen zu ergreifen:

Das Messmittel muss …

    b. *gekennzeichnet werden, um deren Status bestimmen zu können*

Beispiele können sein:

Ein eigener Kalibrieraufkleber:

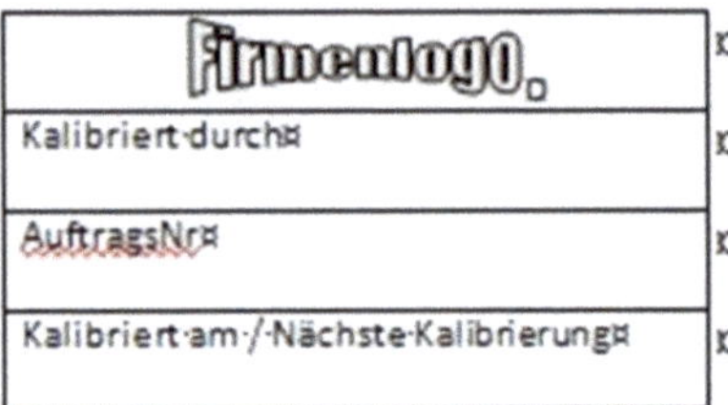

Oder, im Falle, dass ein Gerät nicht kalibriert ist (und damit nicht qualitätsrelevant eingesetzt werden darf) ein Aufkleber wie zum Beispiel:

Ein Auditor – viel wichtiger aber im Alltagsbetrieb der Nutzer - erkennt mit einem Blick den Status des Messgerätes.

Kompendium Kalibrierung

Ob die angezeigte Entscheidung (z.B. „nicht kalibriert") richtig ist, kann zu diskutieren sein. Dies hebt ein Audit jedoch auf eine andere Ebene. Wichtig ist: der Auditor erkennt, dass alle Messmittel berücksichtigt wurden und hinsichtlich ihres Kalibrierstatus Entscheidungen getroffen wurden.

Die Norm gibt weiter vor:

Das Messmittel muss ...

> c. *vor Einstellungsänderungen, Beschädigung oder Verschlechterung, was den Kalibrierstatus und demzufolge die Messergebnisse ungültig machen würden, geschützt sein.*

Auch hier ist der Messgerätehalter in unmittelbarer Pflicht:

Er <u>muss</u> geeignete Maßnahmen ergreifen, die (zumindest) unbeabsichtigte Manipulationen am Messgerät verhindern.

Weiter heißt es:

> *Die Organisation muss bestimmen, ob die Gültigkeit früherer Messergebnisse beeinträchtigt wurde, wenn festgestellt wird, dass das Messmittel für seinen vorgesehenen Einsatz ungeeignet ist, woraufhin die Organisation soweit erforderlich geeignete Maßnahmen einleiten muss.*

Hier ist ein Blick in die (jüngere) Vergangenheit hinsichtlich des Einsatzes des Messgeräts gefragt:
- wo / an welchem Objekt wurde mit dem Messmittel gemessen
- hat dies qualitätsrelevante Auswirkungen?
- Hat dies sogar sicherheitsrelevante Auswirkungen (Luftfahrt- oder Automobilsicherheit!)?
- Was muss getan werden, falls eine der letzten beiden Fragen bejaht werden: Rückruf? Kundeninformation? Neueinstellung einer Produktionslinie? ...

IATF 16949

Die IATF (International Automotive Task Force) ist eine „zweckspezifische" Arbeitsgruppe, die sich aus Vertretern der meist nordamerikanischen und europäischen Automobilhersteller und Automobilverbänden zusammensetzt und sich mit der Harmonisierung (Vereinheitlichung) der Standards (Normen) zur Verbesserung der Produktqualität für Automobilkunden befasst.

Vollmitglieder des IATFs sind folgende Automobilhersteller:

- BMW Group
- Daimler AG
- Fiat Auto
- Ford
- General Motors
- PSA (Citroën, DS, Opel, Peugeot, Vauxhall)
- Renault
- Volkswagen AG

sowie folgende nationale Verbände:

- AIAG (Nordamerika)
- ANFIA (Italien)
- FIEV (Frankreich)
- SMMT (Großbritannien)
- VDA (Deutschland)

Die IATF hat mit ihren Regelwerken eine große Mächtigkeit und beeinflusst deutlich den Kalibriermarkt.

Die OEMs (Original Equipment Manufacturer), die Mitglied der IATF sind, fordern von ihren Lieferanten eine Zertifizierung nach IATF 16949.

Für den Bereich der Qualitätssicherung und speziell für die Vorgaben zur Kalibrierung von Mess- und Prüfgeräten ist die IATF 16949:2016 maßgeblich. Folge:

Werkskalibrierungen sind kaum noch gefragt, Messgerätehalter der Automobilindustrie oder deren Zulieferer verlangen heute fast ausschließlich rückführbare Kalibrierungen – in Deutschland DAkkS-Kalibrierungen.

Dies ist in der Vorschrift nicht immer gefordert – die IATF 16949 lässt eine Bandbreite von Möglichkeiten zu – die aber oft nicht bekannt sind oder vorschnell übersehen werden:

Die auf die EN ISO 9001:2015 aufbauende Vorschrift IATF 16949 (hier: Ziff. 7.1.5.3.2) bezieht sich in grundlegenden Punkten unmittelbar auf die zitierte DIN EN ISO 9001:2015-11:

Ein externer Kalibrierdienstleiste kann dann beauftragt werden, wenn kein eigenes Labor (Anm.: beim Messgerätehalter) für Kalibrierungen zur Verfügung steht und das externe Labor eine Akkreditierung nach DIN EN ISO/IEC 17025 besitzt sowie den Beweis seiner Eignung vorlegen kann.
Der Beweis der Eignung soll den Maßstäben der DIN EN ISO/IEC 17025 entsprechen.

Weitere zulässige Kalibrierstellen, wie Gerätehersteller, sind nach IATF 16949 in solchen Fällen zugelassen, wo es schwierig ist, für wirklich jede Messgröße ein geeignetes qualifiziertes (akkreditiertes) Labor zu finden. Systemhersteller und Betreiber DAkkS-akkreditierter Laboratorien erfüllen in der Regel diese Voraussetzungen

Da es immer wieder Rückfragen zu den Ausführungen der IATF 16949 gibt, hat die IATF (International Automotive Task Force) eine Reihe „Sanktionierte Interpretationen" verfasst und freigegeben.

Zur Frage, ob immer eine akkreditierte Stelle als Kalibrierlabor genommen werden muss, wird in der „Sanktionierten Interpretation Nov. 2018" folgende Festlegung zu Ziff 7 / IATF 16949 Referenz 7.1.5.3.2 getroffen:

- *„Die Mess- und Prüfmittelhersteller entwickeln auch die Methodik zur Einhaltung und Justierung ihrer Mess- oder Prüfeinrichtungen als Teil ihrer Entwicklung und Herstellung, um die Erfüllung der jeweiligen Kalibrierungsanforderungen sicherzustellen. Daher ist der Hersteller der Mess- und Prüfmittel grundsätzlich qualifiziert, die von ihm entwickelten und hergestellten Einrichtungen zu kalibrieren.*

- *Die Organisation muss jedoch die Genehmigung des Kunden einholen, bevor sie den Hersteller der Mess- und Prüfmittel für Kalibrierdienste verwendet.*

Es ist also nicht in jedem Fall erforderlich, ein für das jeweilige Parameter akkreditierte Labor mit den Kalibrierung zu beauftragen. Entscheidend ist – dies trifft allgemein für alle Kalibrierungen zu – ein Labor mit einer entsprechenden Qualifizierung und dessen Nachweis zu wählen:

Dazu gehört idealerweise eine ISO EN 17025 Akkreditierung in einem Parameter (damit besitzt das Labor ein „Grundgerüst" der Nachweisführung seiner Kompetenz.

Auf jeden Fall muss darauf geachtet werden, dass die Definition des Begriffs „Kalibrierung" verstanden und umgesetzt wird: hier hilft ein Blick auf den ausgestellten Kalibrierschein eines Labors; werden Messunsicherheiten angegeben – oder nur Vergleichswerte? Vergl. hierzu den Abschnitt, „Kalibrierschein".

DIN ISO/IEC 17025:2018

Die Norm DIN ISO/IEC 17025:2018 ist DIE Norm, nach der ein Kalibrierlabor durch die Deutsche Akkreditierungsstelle (DAkkS) akkreditiert – also zugelassen - werden kann, sofern das Labor ein ganze Reihe von Vorgaben erfüllt. Sie

- regelt Kompetenz, Unparteilichkeit und konsistente Arbeitsweise von Laboratorien jeglicher Größe, sowie deren Kunden als auch Akkreditierungs- und Zertifizierungsstellen, die mit Hilfe von DIN EN ISO/IEC 17025 die Kompetenz von Laboratorien nachvollziehen beziehungsweise nachweisen können.

- reiht sich in die ISO/IEC 17000er Normenreihe zur Konformitätsbewertung ein.

- enthält neben spezifischen Anforderungen an Laboratorien auch allgemeine Textbausteine, die sich in der gesamten ISO/IEC 17000er Normenreihe wiederholen. Dies betrifft zum Beispiel die Anforderungen zur Unparteilichkeit, zur Vertraulichkeit, zur Behandlung von Beschwerden und zum Management.

- erfuhr eine umfassende Überarbeitung, Anwendungsbereich wurde verschlankt und die gesamte Struktur überarbeitet.
- enthält neu: Betrachtung von Risiken und Chancen; Unparteilichkeit und Vertraulichkeit wurden stärker hervorgehoben; Kompetenz des Personals wurde betont.

Laboratorien, welche diesen Norm-Entwurf erfüllen, werden im Allgemeinen auch in Übereinstimmung mit den Grundsätzen von ISO 9001 arbeiten.

Diese Norm ist aber auch für den Nutzer von Kalibrierdienstleistung wichtig: sie beinhaltet Vorgaben an das Kalibrierlabor, die umgesetzt unmittelbar beim Messgerätenutzer ankommen müssen und eingefordert werden können. So gibt es Vorgaben für die Inhalte von Kalibrierscheinen und der möglicherweise darin enthaltenen Konformitätserklärung.
Diesem Teil ist daher eigens das Kapitel „Kalibrierschein" gewidmet.

DIN ISO/IEC 10012:2004-03

Die Norm DIN ISO/IEC 10012:2014 bildet die normative Grundlage für Messmanagementsysteme.

Ein Messmittelmanagementsystem („Messmanagementsystem") soll auch sicherstellen, dass Messmittel und -prozesse für den vorgesehenen Einsatz geeignet sind, dass möglicherweise falsche Messergebnisse früh erkannt werden und das Risiko und die Auswirkungen beherrschbar gemacht werden können.

In dem folgenden Abschnitt werden Abschnitte aufgezeigt, die Messmittelhalter / -nutzer unmittelbar betreffen. Bereits im Vorwort der Norm wird diese Personengruppe angesprochen:

Auf diese Internationale Norm kann verwiesen werden:
- *von einem Kunden bei Festlegung der Eigenschaften der geforderten Produkte;*
- *von einem Lieferanten bei Festlegung der Eigenschaften der angebotenen Produkte;*
- *von gesetzgebenden Körperschaften oder Aufsichtsbehörden und*
- *bei Bewertungen und Audits von Messmanagementsystem*

Diese Norm gibt aber einige markante Vorgaben, die ebenfalls den Messmittelhalter / -nutzer unmittelbar betreffen:

7.1 Metrologische Bestätigung
7.1.1 Allgemeines
Die metrologische Bestätigung (… muss so gestaltet und verwirklicht werden, dass sichergestellt ist, dass die metrologischen Merkmale der Messmittel die metrologischen Anforderungen an den Messprozess erfüllen. Die metrologische Bestätigung umfasst die Kalibrierung und Verifizierung von Messmitteln

Hier wird die eindeutige Verpflichtung zur (regelmäßigen) Durchführung von Kalibrierungen ausgesprochen. Die Bedeutung der Angabe von Messunsicherheiten, ohne die von einer fachlich korrekten und vollständigen Kalibrierung nicht gesprochen werden darf, wird im weiteren Text als Mittel der Bewertung herausgehoben.

Aber auch für die Bestimmung der Kalibrierintervalle werden Vorgaben gemacht:

7.1.2 Intervalle der metrologischen Bestätigung
Die für die Festlegung oder Änderung der Intervalle zwischen den metrologischen Bestätigungen verwendeten Methoden müssen in dokumentierten Verfahren beschrieben werden. Diese Intervalle müssen überprüft und gegebenenfalls angepasst werden, um die fortgesetzte Übereinstimmung mit den festgelegten metrologischen Anforderungen sicherzustellen.

...

Jedes Mal, wenn ein fehlerhaftes Messmittel repariert, justiert oder verändert wird, muss das Intervall für die metrologische Bestätigung bewertet werden.

Vergleiche hierzu auch das Kapitel „Bestimmung und Anpassung von Kalibrierintervallen" im zweiten Teil dieses Buchs.

Eichung

Vom <u>Gesetzgeber vorgeschriebene</u> Prüfungen von Messgeräten werden als Eichung bezeichnet.
Für eine Eichung liegen immer eichrechtliche Vorschriften als Grundlage vor. Eichungen werden in Deutschland von Eichämtern und Staatlich Anerkannten Prüfstellen unter fachlicher Aufsicht der Physikalisch Technischen Bundesanstalt durchgeführt.

Eichungen liegt das Eichgesetz zugrunde, welches dem Verbraucherschutz dienen soll.

Messgeräte, an deren Messgenauigkeit ein öffentliches Interesse besteht, unterliegen der gesetzlichen Eichpflicht. Ein öffentliches Interesse besteht bei allen Messungen im Warenaustausch („geschäftlichen Verkehr"), aber auch im Bereich des Arbeits- und Umweltschutzes und in der Medizin.

Beispiele sind:

* Ladentischwaagen, Briefwaagen
* Schankmaße (z. B. Biergläser, Weinkaraffen, Schnapsgläser) mit Füllstrich
* Massestücke, Hohlmaße, Längenmaße
* Zapfsäulen an Tankstellen
* Wasserzähler, Stromzähler, Wärmezähler
* Taxameter

Kompendium Kalibrierung

- Abgasmessgeräte im Gebrauch für die gesetzlich vorgeschriebene Abgasuntersuchung
- Geräte zur Geschwindigkeitsüberwachung

Eichungen dürfen, wie oben beschrieben, nur von Eichämtern und Staatlich Anerkannten Prüfstellen durchgeführt werden. Sie vergeben im Anschluss an die erfolgte Eichung eine Eichmarke.

Abgrenzung zu Kalibrierung:
Obwohl die eigentliche Durchführung von Eichungen denen von Kalibrierung sehr ähnlich oder sogar gleich sein kann, ist die gesetzliche Grundlage das Abgrenzungsmerkmal.

Messgeräte, an deren Messgenauigkeit <u>kein</u> <u>öffentliches</u> Interesse besteht, dürfen von anderen Kalibrierstellen kalibriert werden.
Kein öffentliches Interesse bedeutet dabei aber nicht eine schlechte oder ungenaue Arbeitsweise - hier ist lediglich der direkte Verbraucherschutz nicht im Vordergrund.

Kompendium Kalibrierung

Die Deutsche Akkreditierungsstelle DAkkS teilt mit einem Informationsschreiben zum „Merkblatt zur metrologischen Rückführung im Rahmen von Akkreditierungsverfahren (71 SD 0 005 Revision 1.4) vom Februar 2016 mit:

„Die Revision 1.4 stellt eine Einschränkung der bisherigen Möglichkeiten dar, zusätzliche Möglichkeiten werden nicht eingeführt.

Die Einschränkung betrifft die Neufassung der Bedingungen für die Rückführung über sogenannte „Ergebnisberichte ohne Akkreditierungssymbol" im Punkt 6 des Merkblattes. Dort wurde der Punkt 6.c) „Ergebnisberichte ohne Akkreditierungssymbol, ausgegeben von deutschen Eichbehörden" ersatzlos gestrichen. **Damit werden Ergebnisberichte deutscher Eichbehörden genauso behandelt wie andere Ergebnisberichte ohne Akkreditierungssymbol, die von nicht akkreditierten Stellen ausgegeben wurden.**

Die Anerkennung von Eichscheinen als Nachweise der metrologischen Rückführung ist damit nur noch im Einzelfall möglich. Die notwendigen Begutachtungen der Stellen, die Ergebnisberichte (also Rückführungsnachweise) ausgeben, erfolgen nur noch durch die DAkkS. Ergebnisberichte deutscher Eichbehörden können z. B. dann als Rückführungsnachweise in Betracht gezogen werden, wenn es nachweislich keine anderen Stellen gibt, die diese Kalibrierungen durchführen können.

Ein Messmittel mit einem Eichschein gilt daher <u>nicht</u> als rückführbar kalibriert!

Warum Kalibrierung?

Alle Mess- und Prüfgeräte sind während der Nutzung und auch während der Lagerung Einflüssen ausgesetzt, die ihre messtechnischen Eigenschaften nachhaltig verändern können.
Durch Kalibrierung wird festgestellt, ob Mess- und Prüfgeräte die geforderte Genauigkeit aufweisen.

Definition Kalibrierung:
Das Internationale Wörterbuch der Metrologie definiert Kalibrierungen wie folgt:

„Tätigkeit, die unter festgelegten Bedingungen in einem ersten Schritt eine Beziehung zwischen den durch Normale zur Verfügung gestellten Größenwerten mit ihren Messunsicherheiten und den entsprechenden Anzeigen mit ihren beigeordneten Messunsicherheiten herstellt und in einem zweiten Schritt diese Information verwendet, um eine Beziehung herzustellen, mit deren Hilfe ein Messergebnis aus einer Anzeige erhalten wird"

ANMERKUNG 1 Das Ergebnis einer Kalibrierung kann in Form einer Angabe, einer Kalibrierfunktion, eines Kalibrierdiagramms, einer Kalibrierkurve oder einer Kalibriertabelle ausgedrückt werden. In einigen Fällen kann sie aus einer additiven oder multiplikativen Korrektion der Anzeige mit der beigeordneten Messunsicherheit bestehen.

ANMERKUNG 2 Kalibrierung sollte nicht mit Justierung eines Messsystems verwechselt werden, dass oft fälschlicherweise "Selbst-Kalibrierung" genannt wird, und auch nicht mit Verifizierung der Kalibrierung.

ANMERKUNG 3 Oft wird nur der erste Schritt in der obigen Definition als Kalibrierung angesehen.

Kalibrierung ist demnach ein Messprozess zur zuverlässig reproduzierbaren Feststellung und Dokumentation der Abweichung eines Messgerätes oder einer Maßverkörperung zu einem anderen Gerät oder einer anderen Maßverkörperung (Normal).

Gemäß Definition des VIM von JCGM 2008 kommt zwingend ein zweiter Schritt zur Definition der Kalibrierung hinzu:
Die Berücksichtigung der ermittelten Abweichung bei der anschließenden Benutzung des Messgerätes zur Korrektur der abgelesenen Werte. Diese doch sehr theoretisch formulierten Definitionen sollen nachfolgend erläutert werden:

Kompendium Kalibrierung

Jedes Messmittel/-gerät wird von drei grundsätzlichen Kenngrößen gekennzeichnet; diese sind Parameter jeder Kalibrierung:

- ✓ Präzision:
  Wie genau ist der angezeigte Wert?

- ✓ Wiederholbarkeit:
  Kann dieser Wert bei x Messungen auch x-mal wiederholt werden?

- ✓ Linearität:
  Auf einer Skala von 0 – 100 einer beliebigen Messgröße (Ampere, N m, Volt, Kg o.a.) – hat der angezeigte Wert immer die gleiche Ablage? Beispiel: wird 18 – 28 – 38 – 48 usw. angezeigt, hat das Messgerät eine Ablage von – 2. Diese Ablage ist leicht korrigierbar: entweder durch eine Korrekturtabelle oder durch einen Abgleich. In der heutigen Zeit wird eine solche Korrekturtabelle über eine Software zu einer „richtigen" Anzeige führen (blaue Beispiellinie).

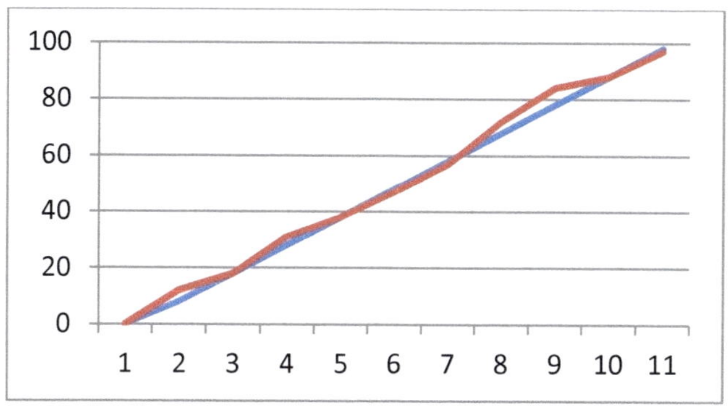

Würde das Messgerät aber 18 – 31 – 38 – 47 anzeigen. „eiert" der angezeigte Wert um den wahren Wert herum – das Messgerät ist unlinear und wesentlich kritischer zu behandeln – und definitiv qualitativ schlechter (rote Beispiellinie).

Die genannten Kenngrößen sollen an der folgenden Grafik verdeutlicht werden:

1. Das Messergebnis streut in einem weiten Bereich – das Messgerät ist für belastbare Messungen unbrauchbar.
2. Das Messergebnis ist zwar nicht sehr präzise, aber in einem bestimmten (weiten) Bereich wiederholbar – das Messgerät ist für

bestimmte Aufgaben einsetzbar Beispiele: Gliedermaßstab („Zollstock"), Messschieber, Grobgewichte.

3. Die Streuung ist gering (= gute Wiederholbarkeit), hat aber eine Ablage. Das Messgerät ist gut, benötigt aber eine Korrektur (Tabelle oder Software).

4. Gutes, präzises Messergebnis mit hoher Wiederholgenauigkeit und kleinem Linearitätsfehler.

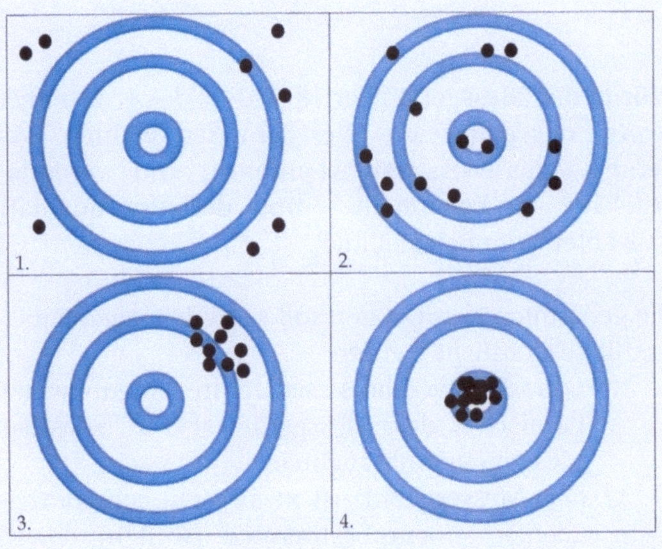

Kompendium Kalibrierung

Bei einer Kalibrierung wird nun der Zusammenhang zwischen den ausgegebenen Werten eines Messgerätes oder einer Messeinrichtung oder den von einer Maßverkörperung oder von einem Maßverkörperung dargestellten Werten und den zugehörigen, durch Normale festgelegten Werten einer Messgröße unter vorgegebenen Bedingungen ermittelt.

Dies bedeutet: es gibt ein (genaues) Normal (welches selbstverständlich ebenfalls und rückführbar kalibriert sein muss) und ein (schlechteres) Messgerät.
Mit einem geeigneten Verfahren und unter definierten Bedingungen (z.B. Temperatur, Luftfeuchte) wird nun festgestellt, wie weit der Prüfling vom Sollwert abweicht.

In diesen Satz sind – ganz selbstverständlich klingend – eine Reihe von Vorgaben genannt worden, die in der Praxis nicht selbstverständlich, aber Grundlage für die Qualität einer Kalibrierung sind.

So ist es am Ende einer Kalibrierung nicht selbstverständlich, dass sich der Prüfling auch innerhalb seiner Spezifikationen befindet. Dies ist in der Regel zwar die Erwartungshaltung des Messgerätebesitzers – diese muss aber nicht zwangsläufig erfüllt werden.

Ein Kalibrierschein dokumentiert zunächst nur die zum Zeitpunkt der Kalibrierung vorgefundenen (messtechnischen) Eigenschaften des Prüflings bei einem akkreditierten Kalibrierlabor anhand einer normierten / standardisierten Vorgehensweise mit einem validierten Messverfahren und versehen mit einem Unsicherheitsfaktor.

Kompendium Kalibrierung

So definiert das Internationale Wörterbuch der Metrologie den Begriff „Kalibrierung" wie folgt:

„Tätigkeit, die unter festgelegten Bedingungen in einem ersten Schritt eine Beziehung zwischen den durch Normale zur Verfügung gestellten Größenwerten mit ihren Messunsicherheiten und den entsprechenden Anzeigen mit ihren beigeordneten Messunsicherheiten herstellt und in einem zweiten Schritt diese Information verwendet, um eine Beziehung herzustellen, mit deren Hilfe ein Messergebnis aus einer Anzeige erhalten wird."

Erst wenn auch – wie möglich – eine Konformitätsaussage gefordert wird, wird der Erwartungshaltung des Auftraggebers gerecht, sofern sich das Messgerät innerhalb der Vorgaben befindet – die „einfache Kalibrierung" schließt dies nicht ein.

Profil eines Messgerätes - Wertschöpfung

Einem Mess- und Prüfgerät muss Vertrauen entgegengebracht werden (können) – das Vertrauen zu glauben, dass es innerhalb seiner Spezifikationen ist und bei sach- und fachgerechtem Einsatz immer „genau" misst.

In einer technisch orientierten Umgebung voll hochkomplexer Systeme ist Vertrauen – zumindest im umgangssprachlichen Sinn – kein Faktor, auf dem aufgebaut und geplant werden kann.

Kalibrierungen schaffen dieses Vertrauen. Durch regelmäßige Kalibrierungen wird eine datenmäßige und damit belastbare Basis für ein solches Vertrauen geschaffen.

Bei einer Kalibrierung wird festgestellt, ob das Mess- und Prüfgerät innerhalb seiner Spezifikationen liegt. Tut es das nicht, muss das Gerät abgeglichen oder instandgesetzt werden.

Daten über diese Maßnahmen stehen dem Gerätehalter als Ergebnis dieser Kalibrierung – zum Beispiel in Form eines Kalibrierscheins – zur Verfügung.

Hier hat bereits eine Wertschöpfung begonnen, die nachhaltig sein kann: werden die Daten mehrerer – mindestens von drei Kalibrierungen – zusammengetragen und ausgewertet, kann das Kalibrierintervall überwacht und angepasst werden und das Messgerät hinsichtlich seiner Zuverlässigkeit eingestuft werden.

Erst durch eine Erst- und danach durch Folgekalibrierungen bekommt das Produkt „Messgerät" sein messtechnisches Profil, welches Aussagen über die Zuverlässigkeit und seine Präzision zulässt.

Um ein solches Profil zu entwickeln, ist es zwar nicht unbedingt notwendig, aber mit Nachdruck zu empfehlen, immer die gleiche Kalibriereinrichtung zu nutzen. Dadurch sind gleiche Bedingungen und Verfahren bei der Kalibrierung gewährleistet. Ein „Springen" zwischen verschiedenen Kalibriereinrichtungen z.B. aus Kostengründen lässt häufig eine Auswertung aufgrund nicht vergleichbarer Kalibrierumfänge oder uneinheitlicher Kalibrierscheine nicht zu.

Austausch eines Messgerätes aus Kostengründen

Gerne wird das Argument hergenommen: *„...werfen Sie das Teil einfach weg; ein Neukauf ist preiswerter als eine Kalibrierung..."*

Diese Argumente werden gerne bei preiswerteren Messgeräten genommen wie Drehmomentschlüsseln, Multimetern, Fühlerlehren, Messuhren usw. .

Wer so argumentiert, hat nicht verstanden, dass er über zwei Produkte spricht:

1. einem Messgerät (die „Hardware") und
2. der Feststellung und Niederlegung der (messtechnischen) Eigenschaften dieses Gerätes.

Ein Messgerät ist zwar oft ein Massenprodukt – bei vielen Anwendungen kann es trotzdem nicht beliebig ausgetauscht werden – es handelt sich um ein Produkt, welches hergestellt wurde und dessen ganz bestimmte Eigenschaften – im Falle Messgerät eine Maßverkörperung – erst durch eine präzise Erst- und Folgevermessung (also durch eine Kalibrierung) dokumentiert bekommt.

Nur wenn man Kalibrierungen bei einer (akkreditierten) Kalibrierstelle regelmäßig durchführen lässt, erhält man Erkenntnisse über

- die Zuverlässigkeit
- die Präzision
- die Stabilität

des Gerätes, kann eine Historie aufbauen und Abschätzungen zu Stabilität und Kalibrierintervall vornehmen.

Veränderung durch Nutzung

Die Physikalisch-Technische Bundesanstalt kennt eine ganze Reihe von Messgeräten – Eigengeräte aber auch Kundengeräte - über viele Jahre und Jahrzehnte und beobachtet deren Entwicklung und Stabilität.
Dadurch wurden Auffälligkeiten aufgedeckt, die Grundlage für weitere Forschungen sind.

Beispiel Parallelendmaße:

Für Sätze, die regelmäßig zur Kalibrierung der Physikalisch-Technischen Bundesanstalt vorgestellt werden, kann dort ein regelrechtes Profil entwickelt werden. Dabei wurden verblüffende Erkenntnisse gemacht: Es gibt Masse, die statt abzunutzen sogar wachsen, minimal an Länge zunehmen!
Solche Erkenntnisse sind Grundlagen für weitere Forschungen und nur durch regelmäßige Kalibrierungen oder Anschlussmessungen zu erlangen.

Rückführbarkeit

Im Zusammenhang mit Kalibrierungen und Mess- und Prüfgeräten wird immer wieder der Begriff „Rückführbarkeit" genannt und eine Rückführbarkeit gefordert.

Einfach erläutert bedeutet Rückführbarkeit, dass ein beliebiges Messgerät mit einem genaueren Messgerät (einem Normal) kalibriert wird, welches wiederum an einem noch genaueren Normal kalibriert wurde – diese Kette ist so lange fortzusetzen, bis das genaueste verfügbare Normal – in der Regel ein nationales Normal z.B. bei der Physikalisch-Technischen Bundesanstalt – erreicht wird.

Dabei sind bei jeder Stufe eine ganze Reihe von Merkmalen zu dokumentieren, um das Erreichen des Nationalnormals zu belegen und damit eine Rückführbarkeit nachzuweisen.

Die Schrift DAkkS-DKD-4 „ *Rückführung von Mess- und Prüfmitteln auf nationale Normale*" legt dar:

„Die Anforderungen an Qualitätsmanagementsysteme sind zum Beispiel in der Normenreihe ISO 9000 festgelegt, die mit der europäischen Normenreihe EN ISO 9000 identisch ist. Die **Überwachung, Kalibrierung und Wartung von Mess- und Prüfmitteln** *ist ein wichtiger Teil dieser Normen und garantiert, dass die Messungen während des Fertigungsprozesses vorschriftsmäßig ausgeführt werden. Zu diesem Zweck müssen alle Messergebnisse auf nationale Normale rückgeführt sein".*

Damit ist eine eindeutige Auslegung der ISO 9000 definiert. Um den Bezug auf metrologische Zusammenhänge herzustellen, muss der Begriff Rückführbarkeit auch im Internationalen Wörterbuch der Metrologie nachgeschlagen werden:
Diese Referenz kennt den Begriff als „metrologische Rückführbarkeit" und definiert ihn wie folgt:

„Eigenschaft eines Messergebnisses, wobei das Ergebnis durch eine dokumentierte, ununterbrochene Kette von Kalibrierungen, von denen jede zur Messunsicherheit beiträgt, auf eine Referenz bezogen werden kann."

Dieser Absatz beinhaltet eine ganze Reihe von Attributen, die zu berücksichtigen sind:

Rückführbarkeit ist die *„Eigenschaft eines Messergebnisses..."*
Der nachfolgende Satzteil zählt nun Komponenten auf, die einer Rückführbarkeit zuzuordnen sind / Bedingung einer Rückführbarkeit sind:
- Dokumentation
- Messunsicherheit
- Ununterbrochene Kette von Kalibrierungen

Kompendium Kalibrierung

Dokumentation

„... wobei das Ergebnis durch eine dokumentierte,"
Wie bei allen Elementen eines QM-Systems ist der schriftliche Nachweis aller Prozessschritte unerlässlich. Dies gilt für den Nachweis durchgeführter Kalibrierungen ebenso wie der Nachweis, dass diese Kalibrierungen an einem Normal durchgeführt wurden, welches seinerseits an einem kalibrierten Normal kalibriert wurde.

Ein Messergebnis hat demnach neben einem ermittelten Messwert weitere Eigenschaften. Zu diesen Eigenschaften zählt – konsequent vollzogen - auch eine Beziehung zu einem oder mehreren weiteren Messergebnissen und jeweils zugeordneten Messunsicherheiten. Ein ermittelter / abgelesener Messwert steht nicht allein und absolut im Raum, sondern gehört bei richtiger und umfassender Betrachtung zu einem Teil einer Kette oder Kaskade von weiteren Messungen, Messunsicherheiten und Messergebnissen:

Messunsicherheit

„... von Kalibrierungen, von denen jede zur Messunsicherheit beiträgt,..."
Rückführbarkeit definiert sich gemäß der oben zitierten Definition nicht ausschließlich am Messgerät, sondern an den Messergebnissen, die erzielt werden.

Kompendium Kalibrierung

Aus welchen Komponenten besteht ein Messergebnis?

- Eine Messung führt in fast jedem Fall zu einem Zahlenwert (z.B. abgelesener Wert).
- Diesem Zahlenwert ist eine Einheit zugeordnet (Volt, Ampere, Newtonmeter u.v.a.)
- Leider ist auch immer ein Fehler enthalten – keine Messung ist „unendlich genau"

Als Formel ausgedrückt sieht dies so aus:

$$X_w = X \pm F$$

mit

X_w als „wahrer" Messwert
X als Messwert
F als Fehler.

Würde man diesen Fehler kennen, wäre es leicht, den Messwert in ein wahres Messergebnis umzuwandeln. Leider ist die wahre Größe dieses Fehlers niemals bekannt – durch geeignete Eingrenzung möglichst vieler bekannter oder vermuteter Fehlerkomponenten (Beispiele: Präzision / „Messgenauigkeit" des Messgerätes, Temperatureinflüsse, Messbedingungen, Messverfahren usw.) kann dieser Fehler aber beschrieben und möglichst klein gehalten werden.
Einem gemessenen Zahlenwert sind demnach eine ganze Reihe von Attributen zuzuordnen.

Kompendium Kalibrierung

Ein Attribut ist die Messunsicherheit, in der die beschrieben Fehlereinflüsse zusammengefasst werden und die den ermittelten Zahlenwert verfälschen. Zusammengefasst ist der gemessene Wert und die eingerechnete Messunsicherheit ein Messergebnis.

Siehe hierzu auch ausführliche Erläuterungen im Kapitel „Messunsicherheit".

Kalibrierhierarchie

„... ununterbrochene Kette von Kalibrierungen,..., auf eine Referenz bezogen werden kann"
Messgeräte im eigenen Betrieb werden beispielsweise an einem eigenen Teststand geprüft oder sogar kalibriert. Dieser Teststand nimmt die Funktion eines Werks- oder Gebrauchsnormals wahr.
Natürlich muss auch dieser Teststand in regelmäßigen Zeitabständen kalibriert werden. Diese Kette kann / muss fortgesetzt werden.

Die nächsthöhere Stufe ist der Anschluss über ein akkreditiertes Kalibrierlabor. Typischerweise gelangt man nach etwa drei oder vier Stufen an das höchste verfügbare Normal – in der Regel bei einem nationalen Normal – in der Bundesrepublik Deutschland bei der Physikalisch-Technischen Bundesanstalt in Braunschweig

Diese Kette von Beziehungen von Messgerät – Normal bis zum nationalen Normal nennt man im messtechnischen Sprachgebrauch Rückführbarkeitskette.

Die Abhängigkeiten dieser Rückführbarkeitskette macht die gezeigte Grafik deutlich. Die Pfeilrichtung steht für die Weitergaberichtung der Normalergebnisse.

Als Gebrauchsmaterial wurden die Mess- und Prüfmittel bezeichnet, wie sie oft auch in größeren Stückzahlen anzutreffen sind; z.B. Multimeter, Mikrometerschrauben, Oszilloskope, Drehmomentschlüssel usw.

Ein Gebrauchs- oder Werksnormal ist häufig im eigenen Betrieb anzufinden: z.B. mit einer Kalibriereinrichtung für Drehmomentschlüssel oder einem Kalibrator zu Überprüfung oder Kalibrierung der betriebseigenen Multimeter.

Diese Normale müssen, um die Forderungen an Rückführbarkeit zu erfüllen, durch ein akkreditiertes Kalibrierlabor kalibriert werden – sie benötigen einen DAkkS-Kalibrierschein.
 In einigen großen Betrieben gibt es sogar werkseigene Kalibrierlabore. Für die akkreditierten Parameter können diese Labore die Kalibrierung der Werksnormale durchführen.
Die Normale dieses Kalibrierlabors sind entweder direkt der PTB oder ein anderes kompetentes akkreditiertes Kalibrierlabor zu kalibrieren.

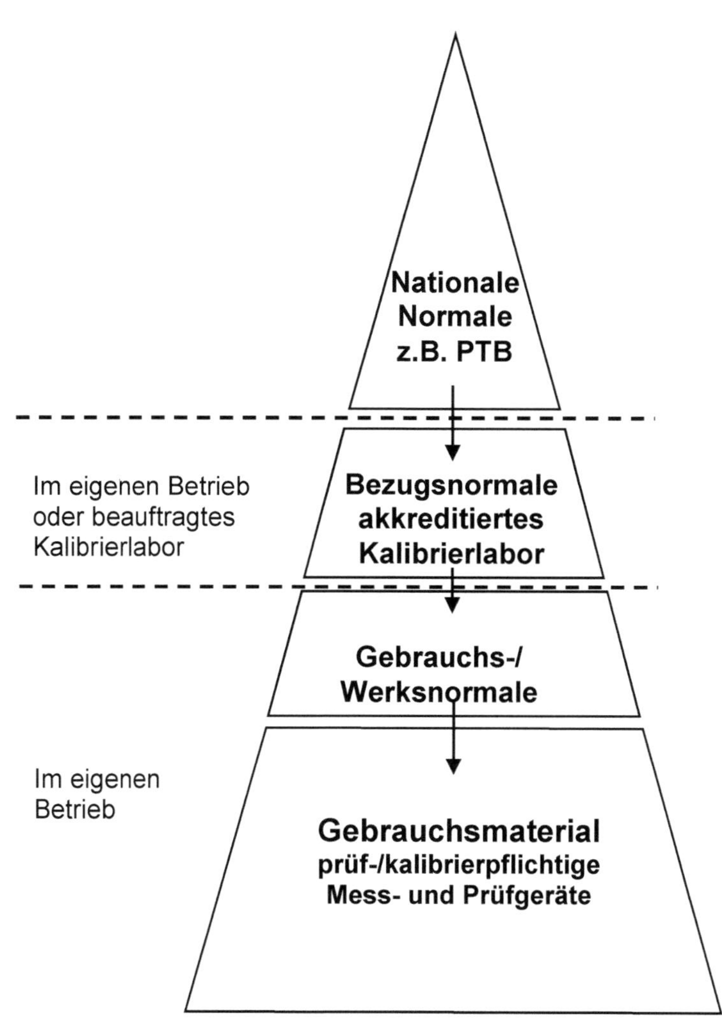

Nationale
Normale
z.B. PTB
Im eigenen Betrieb
oder beauftragtes
Kalibrierlabor
Bezugsnormale
akkreditiertes
Kalibrierlabor
Gebrauchs-/
Werksnormale
Im eigenen
Betrieb
Gebrauchsmaterial
prüf-/kalibrierpflichtige
Mess- und Prüfgeräte

Messunsicherheit

„Man misst eigentlich immer falsch, man muss nur wissen wie viel."[Dave Packard]

Bereits im Kapitel „Rückführbarkeit" wurden Fehler, die bei jeder Messung gemacht werden, herausgearbeitet. Fazit:
In einem Messergebnis ist immer ein Fehler enthalten – keine Messung ist „unendlich genau"

Noch einmal als Formel ausgedrückt:

$$X_w = X \pm F$$

mit

X_w als „wahrer" Messwert
X als Messwert
F als Fehler.

Die Messunsicherheit ist immer Bestandteil eines Messergebnisses. Sie ist der „Fehler", der einer Kalibrierung anhaftet:
- auch das Normal, gegen welches verglichen wird, hat eine Ungenauigkeit
- das Messverfahren kann (kleine) Fehler beinhalten
- Fehler / Unsicherheiten der Auswertesoftware
- Fehlereinflüsse durch Umwelt (Temperatur, Feuchtigkeit o.ä.)
- ...

Diese „Fehler", besser Abweichungen genannt, können aus folgenden Komponenten bestehen:

Systematische Abweichungen

Systematische Abweichung sind typisch bekannte Größen. Sie können in der Regel korrigiert werden. Ist dies nicht möglich, sind diese Abweichungen linear zu addieren.

Zufällige Abweichungen

Zufällige Abweichungen müssen auf Basis statistischer Rechengrundlagen berücksichtigt werden. Daher wird in diesem Zusammenhang auch von einer Abschätzung gesprochen.
Diesen Abschätzungen wird nun noch ein Vertrauensbereich zugeordnet, der typischerweise bei 95% beträgt: dies bedeutet, dass von 100 Messungen 95 in diesem abgeschätzten Bereich liegen.

Um die nun ermittelte Messunsicherheit, die noch immer eine beträchtliche Unzuverlässigkeit enthält, auf ein sicheres Niveau zu heben, wird ein Erweiterungsfaktor eingerechnet. Dieser Faktor wird typisch mit $k = 2$ angenommen.

Dieser Faktor stammt aus der Gaußschen Normalverteilungstheorie und beträgt exakt k = 1,96.

Ein einfaches Beispiel soll dies verdeutlichen:

Die Idee bei der Angabe eines Messergebnisses ist:

Das Messergebnis MUSS stimmen = wahr sein.

Beispiel:
Die Breite einer Tür soll bestimmt werden. Zur Verfügung steht ein Gliedergelenkstabmaß („Zollstock") aus Holz der Klasse III. Damit wird ein Wert von 79,8 Zentimeter abgelesen. Dieser Wert ist, wie dargelegt, nur ein Teil des Messergebnisses.

Diesem Wert muss nun eine Messunsicherheit zugeordnet werden. Diese Messunsicherheit ermittelt man im einfachsten Fall, in dem man eine Matrix möglicher Fehlereinflüsse aufstellt. Den einzelnen Positionen in dieser Aufstellung ordnet man nun den Fehler zu. Ist dieser Fehler nicht bekannt, darf er auch geschätzt werden (dies verschlechtert zwar den Zahlenwert des Ergebnisses – d.h. die Messunsicherheit wird größer), verbessert aber das Gesamtergebnis, weil es wahrer ist.

Kompendium Kalibrierung

Beispiel „Zollstock":

Fehlermatrix „Zollstock"	
Grundgenauigkeit	0,6 mm
Genauigkeitsklasse III	0,4 mm/m
Temperatur/Umwelt	± 2 mm (geschätzt)
Scharnierspiel	± 0,5 mm
Handling (Ablesefehler, „ungerades" Anlegen)	± 1 mm

Tabelle 2: Fehlermatrix „Zollstock"

Zunächst muss die Fehlergrenze des Gliedergelenkstabmaßes bestimmt werden:

$$a + b * L$$

mit

- L = auf den nächsten vollen Meter aufgerundete Größe der zu messenden Länge
- a, b zu entnehmen der Genauigkeitsklassen für Längenmessgeräte, EG Richtlinie 2004/22/EG

Hinweis: die Fehlergrenze ist nicht mit der Messunsicherheit zu verwechseln!

Im betrachteten Beispiel ergibt dies:

$$0{,}6 \text{ mm} + 0{,}4 \text{ mm/m} * 1 \text{ m} = 1{,}0 \text{ mm}$$

Nun kann die Messunsicherheit errechnet werden:
Die einzelnen Fehler werden nun zum Quadrat erhoben und addiert. Die Wurzel aus dieser Summe

ist die ermittelte Messunsicherheit (geometrische Addition).
Bei der Addition von Messunsicherheiten ist auf gleiche Dimension aller Anteile zu achten!

$$u = \sqrt{1^2 + 2^2 + 0,5^2 + 1^2 + 1^2} = 2,693 \text{ mm}$$

Nun wird der Erweiterungsfaktor eingerechnet:
2,69 mm * 1,96 = 5,27 mm

Die „genaue" Messung von 79,8 cm hat demnach eine Messunsicherheit von 5,27 mm.
Dies erscheint zu hoch? Betrachtet man die Einzelkomponenten und berücksichtigt dann ein Zusammenspiel unter den <u>schlechtesten</u> möglichen Umständen: ungenaues Anlegen, ungenaues Ablesen, Spiel in den Scharnieren, extreme z.B. sommerliche Temperaturen u.a., ist der Wert gar nicht so unrealistisch.

Kompendium Kalibrierung

Das dargestellte Beispiel soll nur zum Verständnis der Messunsicherheit dienen. Die Berechnung für „echte" Messunsicherheiten ist – je nach Parameter – deutlich komplizierter, wie folgendes Beispiel zeigen soll:

Messgröße DC-Stromstärke
Gemessen wird die Stromaufnahme des Prüflings.

Messaufbau

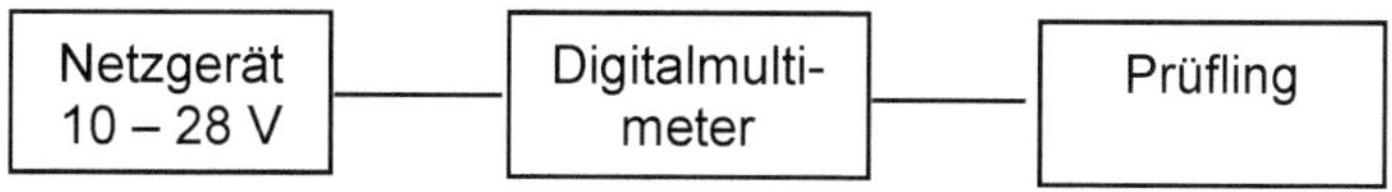

Durchführung der Messung und Auswertung der Ergebnisse

Am Prüfling wird die Betriebsspannung entsprechend Protokoll eingestellt, dann am Digitalmultimeter (DMM) die DC-Stromstärke ablesen.

Symboltabelle

I_{Fluke} :	Ablesewert am DMM
ΔI_{Fluke} :	Abweichung des Ablesewertes
I_{DUT} :	Vom Prüfling aufgenommener Strom

Liste der Einflussgrößen

Größe X_i	Bedingung	Wert	Gewichtung	Quelle der Angabe
ΔI_{Fluke}	Bereich / DC-I		normal	Spezifikation 8440A
	< 1 A	$5 \cdot 10^{-4} + 40\ \mu A$		
	> 1 A	$1 \cdot 10^{-3} + 40\ \mu A$		

Nicht berücksichtigte Einflussgrößen: keine

Abgeleitete Einflussgrößen

keine

Modellgleichung

$$I_{DUT} = \left(I_{Fluke} + \Delta I_{Fluke} \right)$$

Messunsicherheitsbudget

Es wird angenommen, dass alle Eingangsgrößen zueinander unkorreliert sind.

Größe X_i	Bedingung	Schätz-wert x_i	Standard-MU $u(x_i)$	Verteilung	Sens.-Koeff. c_i	Effektiver Freiheits-grad v_{eff}	Un-sicherheits-eitrag $u_i(y)$
I_{Fluke}		0,6 A 0,7 A 1,5 A	-	-	-	-	-
ΔI_{Fluke}	0,6 A 0,7 A 1,5 A	0	$2,9 \cdot 10^{-4}$ $2,8 \cdot 10^{-4}$ $5,2 \cdot 10^{-4}$	normal	1	∞	$2,9 \cdot 10^{-4}$ $2,8 \cdot 10^{-4}$ $5,2 \cdot 10^{-4}$
u	0,6 A 0,7 A 1,5 A	0		----		∞	$2,9 \cdot 10^{-4}$ $2,8 \cdot 10^{-4}$ $5,2 \cdot 10^{-4}$
U	**0,6 A** **0,7 A** **1,5 A**			**k = 2**		∞	$\mathbf{6 \cdot 10^{-4}}$ $\mathbf{6 \cdot 10^{-4}}$ $\mathbf{1 \cdot 10^{-3}}$

<u>Angegebene erweiterte Messunsicherheiten</u>

Es werden die in der Tabelle angegebenen erweiterten Messunsicherheiten angegeben.

Für das Aufstellen von Modellgleichungen und die Berechnung der erweiterten Messunsicherheit gibt es jedoch geeignete Software.

Als Referenz gilt die GUM:
GUM ist die Abkürzung für den ISO/BIPM-Leitfaden „Guide to the Expression of Uncertainty in Measurement".
Er wurde 1993 erstmals veröffentlicht und zuletzt 2008 überarbeitet. Maßgebliche deutsche Fassung ist die Vornorm DIN V ENV 13005 (aktuelle Ausgabe:1999-06) „Leitfaden zur Angabe der Unsicherheit beim Messen".

Die GUM wurde umgesetzt in einer Software „GUM Workbench". Nähere Informationen hierzu unter http://www.metrodata.de/.

Eine kostenfreie online Berechnung von Messunsicherheiten kann z.B. über die Homepage des NIST (National Institute Of Standards), dem US-amerikanischen Äquivalent der PTB vorgenommen werden:
http://uncertainty.nist.gov/ .

Als Literatur kann empfohlen werden:
 „Bestimmung der Messunsicherheit nach GUM.
 Grundlagen der Metrologie"
 Gebundene Ausgabe – Januar 2004
 von Bernd Pesch

Messunsicherheit oder Toleranzangabe

Leider gibt es immer wieder Verwechslungen um diese beiden Begriffe. Wenn ein Messgerät doch eine Toleranz hat (Beispiel: ± 3%) – was hat es dann mit der Messunsicherheit auf sich?

Bei der Herstellung eines Qualitätsprodukts sind diesem Produkt festgelegte Eigenschaften zugesichert. Ein Beispiel – bewusst nicht für ein Messgerät gewählt – soll verdeutlichen:
Eine Tür mit einer Breite von 90 cm soll gefertigt werden. Eine (fiktive) Vorgabe fordert eine Fertigungstoleranz von ± 1%.
Dies bedeutet, dass, wird diese Vorgabe erfüllt, keine Tür das Werk verlässt, welche nicht eine Breite zwischen 89,10 und 90,90 cm aufweist:

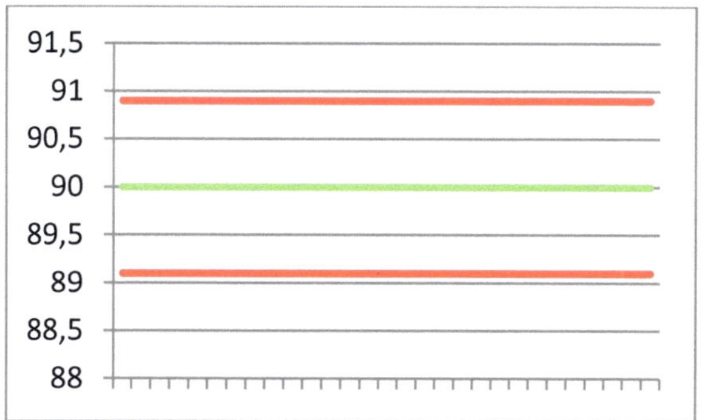

X-Achse: Anzahl n gefertigte Türen
Y-Achse: Breite in cm

So lange die Masse der Tür sich zwischen den beiden roten Linien befinden, ist die Tür innerhalb der zugesagten / festgelegten Spezifikationen.
Dies gilt es nun zu belegen – also für jede Tür im Rahmen der Produktion nachzumessen. Dazu nimmt man ein geeignetes Messgerät her.

Dieses Messgerät hat seinerseits ebenfalls eine Grundtoleranz. Geschickterweise wählt man ein Messgerät, welches deutlich „besser (m)i(s)st", als die erlaubte Toleranz der Tür.
Wie im Kapitel „Messunsicherheit" beschrieben, setzt sich ein Messergebnis aus einer Reihe von Komponenten zusammen – die Toleranz des Messgerätes ist nur ein Faktor.
Angenommen, für das Messgerät wird eine erweiterte Messunsicherheit von ± 0,1 cm ausgewiesen – also fast 10 x besser als die zulässige Toleranz der Tür – dann sollte eine sichere Produktion gewährleistet sein:

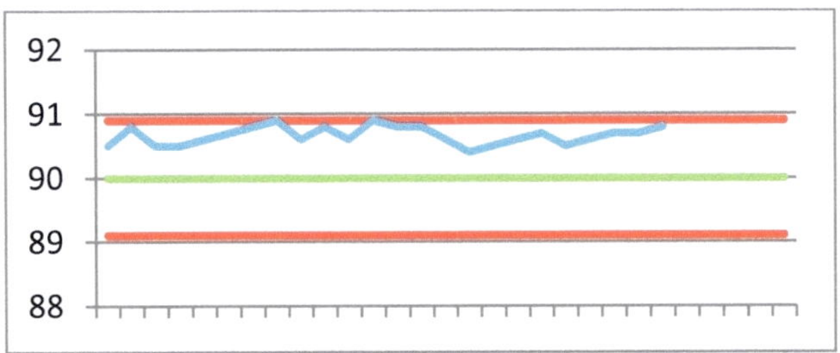

Alle produzierten Türen sind sicher „in Toleranz" – einige reizen den
maximalen Toleranzbereich zwar aus – liegen aber innerhalb der zulässigen Limits,

Blendet man nun aber Fehlerbalken zur Messunsicherheit des verwendeten Messgerätes ein, sieht man:

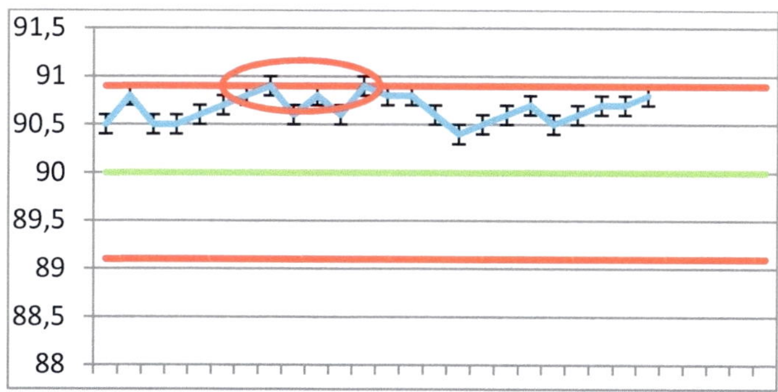

Bei den am oberen Rand der Toleranz befindlichen Türen kann die Aussagen „in Toleranz" gar <u>nicht sicher</u> getroffen werden! Weil das Messergebnis eine Unsicherheit hat, könnte es durchaus sein, dass einige der produzierten Türen außer Toleranz sind!
Hier muss am Messverfahren / Messgerät oder an den Vorgaben nachgebessert werden!

Kompendium Kalibrierung

Für die Bewertung der Eignung einer Kalibrierung ergibt sich daraus:

- Das Produkt ist nicht besser oder schlechter
- Die Sicht auf das Produkt ist nicht gut genug für eine qualitative Beurteilung
- Entweder wird der Maßstab angepasst – oder eine Kalibrierung mit kleinerer Messunsicherheit muss gefordert werden!

Eine andere Sicht auf Toleranzen und Messunsicherheit soll anhand der bereits bekannten Zielscheiben demonstriert werden:

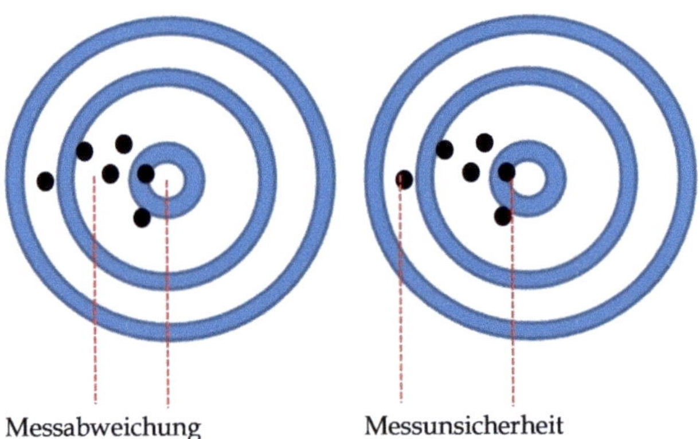

- Die Angabe einer Toleranz beschreibt die (zugesicherte oder gewünschte) Qualität eines Produktes.

- Die Messunsicherheit beschreibt die Qualität der Messung.

Bei der Auswahl einer Kalibriereinrichtung muss demnach beurteilt werden, ob die Qualität der Kalibrierung – unter anderem ausgedrückt in der Messunsicherheit (weitere Merkmale sind z.B. Anzahl der Messpunkte, Richtung usw.) für das eigene Messgerät ausreicht.

Ergebnisse einer Kalibrierung

Kalibrierschein

Zum Umfang einer jeden Kalibrierung gehört ein Ergebnisbericht – der Kalibrierschein.
Welche Daten in einem Kalibrierschein enthalten sein müssen, ist in der DIN ISO/IEC 17025:2017 zu finden. Der Begriff „Kalibrierzertifikat" wird im offiziellen Sprachgebrauch vermieden („was wird zertifiziert? Ist der Aussteller ein akkreditierter Zertifizierer? Wenn jedermann zertifizieren darf – welchen Wert hat dann ein solches „Zertifikat"?):

Ein Kalibrierschein muss gemäß DIN EN 17025 immer enthalten:

- *einen Titel (z. B. „Prüfbericht", „Kalibrierschein" oder „Probenahmebericht") ;*
- *den Namen und die Anschrift des Laboratoriums;*
- *den Ort, an dem die Labortätigkeiten durchgeführt werden, einschließlich wenn sie in den Räumlichkeiten eines Kunden oder an anderen Orten als den permanenten Räumlichkeiten des Laboratoriums oder in zugehörigen zeitweiligen oder mobilen Räumlichkeiten durchgeführt werden;*
- *eindeutige Kennzeichnung , so dass all seine Teile als Teil eines vollständigen Berichts erkannt werden sowie eine eindeutige Kennzeichnung des Endes;*

- *den Namen und die Kontaktdaten des Kunden;*
- *die Bezeichnung des angewandten Verfahrens;*
- *eine Beschreibung, eindeutige Benennung und, falls notwendig, den Zustand des Gegenstands;*
- *das Datum des Eingangs der Prüf— oder Kalibriergegenstande sowie das Datum der Probenahme, sofern für die Validität und die Anwendung der Ergebnisse bedeutsam;*
- *das Datum (die Daten] der Durchführung der Labortätigkeit;*
- *das Ausstellungsdatum des Berichts;*
- *Verweis auf den bzw. die vom Laboratorium oder anderen Stellen angewandten Probenahmeplan und Probenahmeverfahren, sofern für die Validität und die Anwendung der Ergebnisse bedeutsam;*
- *eine Aussage, dass sich die Ergebnisse nur auf die geprüften, kalibrierten oder beprobten Gegenstande beziehen;*
- *die Ergebnisse, sofern angemessen, mit Angabe der Einheiten;*
- *Ergänzungen zu, Abweichungen Ausschlüsse von dem Verfahren;*
- *Benennung der für die Freigabe des Berichts verantwortlichen Person[en);*
- *eine eindeutige Kennzeichnung, wenn Ergebnisse von externen Anbietern stammen.*

Kalibrierlaboratorium für die Messgröße Drehmoment und Drehwinkel
Calibration laboratory for the measuring value torque and rotational angle

akkreditiert durch die / *accredited by the*

Deutsche Akkreditierungsstelle GmbH

als Kalibrierlaboratorium im / *as calibration laboratory in the*

Deutschen Kalibrierdienst

((| DAkkS
Deutsche
Akkreditierungsstelle
D-K-17572-01-00

| 0 |
| D-K-123456-01-00 |
| 2019-04 |

Kalibrierschein
Calibration certificate

Kalibrierzeichen
Calibration mark

Gegenstand:	**Drehmomentaufnehmer mit Messgerät**	Dieser Kalibrierschein dokumentiert die Rückführung auf nationale Normale zur Darstellung der Einheiten in Übereinstimmung mit dem internationalen Einheitensystem (SI).
Object	*torque transducer with measuring box*	Die DAkkS ist Unterzeichner der multilateralen Übereinkommen der European co-operation for Accreditation (EA) und der International Laboratory Accreditation Cooperation (ILAC) zur gegenseitigen Anerkennung der Kalibrierscheine.

Aufnehmer / *Transducer*:
Mod.Nr / *Mod.No.*:
Artikelnr. / *Art.No.*:
Serien-Nr. / *Serial number*:
Hersteller / *Manufacturer*:   **DearJohn USA**

Für die Einhaltung einer angemessenen Frist zur Wiederholung der Kalibrierung ist der Benutzer verantwortlich.

Messgerät / *Measuring box*:
Mod.Nr / *Mod.No.*:
Artikelnr. / *Art.No.*:
Serien-Nr. / *Serial number*:
Hersteller / *Manufacturer*:   **DearJohn USA**

This calibration certificate documents the tractability to national standards, which realize the units of measurement according to the International System of Units (SI).
The DAkkS is signatory to the multilateral agreements of the European co-operation for Accreditation (EA) and of the International Laboratory Accreditation Cooperation (ILAC) for the mutual recognition of calibration certificates.
The user is obliged to have the object recalibrated at appropriate intervals.

Auftraggeber: **Meier&Müller**
Customer

    Gersau 23
    - 42857 Remsheld

Auftragsnummer: —
Order No.

Anzahl der Seiten des Kalibrierscheines: 5
Number of pages of the certificate

Datum der Kalibrierung: **2019-04-06**
Date of calibration

Dieser Kalibrierschein darf nur vollständig und unverändert weiterverbreitet werden. Auszüge oder Änderungen bedürfen der Genehmigung sowohl der Deutschen Akkreditierungsstelle GmbH als auch des ausstellenden Kalibrierlaboratoriums. Kalibrierscheine ohne Unterschrift haben keine Gültigkeit.

This calibration certificate may not be reproduced other than in full except with the permission of both the Deutsche Akkreditierungsstelle GmbH and the issuing laboratory. Calibration certificates without signature are not valid.

This calibration certificate is based on the german language. In case of doubt only the german version is valid.

Datum *Date*	Stellv. Leiter des Kalibrierlaboratoriums *Vice head of the calibration laboratory*	Bearbeiter *Person in charge*
2019-12-17	Armin Fuchs	Peter Jäger

Postanschrift/*Mail address*
DAkkS-Labor GmbH
Kalibrierlaboratorium
Marina Str. 20
D-42897 Remscheid

Telefon-Durchwahl / *Telephon extension*
(+49) 02191 123-4560

Neben diesen Grundabgaben spezifiziert die Norm weitere Anforderungen und widmet diesen Anforderungen mit Abschnitt 7.8.3 ein eigenes Kapitel:

7.8.3.1 In Ergänzung zu den in 7.8.2 geforderten Anforderungen müssen, wenn es für die Interpretation der Prüfergebnisse erforderlich ist, Prüfberichte die folgenden Angaben enthalten:

- *Angaben über spezielle Prüfbedingungen, wie etwa Umgebungsbedingungen;*
- *wenn erforderlich, eine Aussage zur Konformität mit Anforderungen oder Spezifikationen*
- *falls anwendbar, eine Angabe der Messunsicherheit in der gleichen Einheit wie die der Messgröße oder durch eine Bezeichnung, die sich auf die Messgröße bezieht (z. B. Prozent), wenn:*
    - *sie für die Gültigkeit oder Anwendung der Prüfergebnisse von Bedeutung sind;*
    - *sie vom Kunden verlangt wurden; oder*
    - *die Messunsicherheit die Konformität vorgegebener Spezifikationsgrenzen beeinträchtigt;*
- *wenn angemessen, Meinungen und Interpretationen*
- *zusätzliche Angaben, die durch besondere Verfahren, durch Behörden, Kunden oder Gruppen von Kunden verlangt werden dürfen.*

Damit sind die Anforderungen an einen Kalibrierschein noch immer nicht abgedeckt:
Ein weiterer Abschnitt 7.8.4 spezifiziert zusätzlich besondere Anforderungen speziell an Kalibrierscheine:

7.8.4.1 In Ergänzung zu den in 7.8.2 aufgeführten Anforderungen müssen Kalibrierscheine die folgenden zusätzlichen Informationen enthalten:

- *die Messunsicherheit des Messergebnisses, angegeben in der gleichen Einheit wie die der Messgröße oder durch eine Bezeichnung, die sich auf die Messgröße bezieht (z. B. Prozent);*
- *die Bedingungen (z. B. Umgebungsbedingungen), unter denen die Kalibrierungen durchgeführt wurden und die einen Einfluss auf das Messergebnis haben;*
- *eine Aussage, die angibt, wie die Messungen metrologisch rückführbar sind;*
- *falls vorhanden, die Ergebnisse vor und nach jeder Justierung oder Reparatur;*
- *wenn relevant, eine Aussage zur Konformität mit Anforderungen oder Spezifikationen ;*
- *wenn zutreffend, Meinungen und Interpretationen*

Dieser Abschnitt wiederholt und präzisiert Forderungen, die essentiell sind:
Die Angabe der Messunsicherheit ist mandatorisch – ohne die Angabe der Messunsicherheit gibt es keine Kalibrierung.

Intervallangabe in einem Kalibrierschein

Eine immer wiederkehrende Forderung der Messgerätehalter ist die Angabe eines Kalibrierintervalls oder die Angabe des Zeitpunkts der nächsten Kalibrierung in einem Kalibrierschein.

Die DIN EN ISO/IEC17025:2018 gibt hierzu an:

7.8.4.3 Ein Kalibrierschein oder eine Kalibriermarke darf keine Empfehlung über das Kalibrierintervall enthalten, es sei denn, dies geschieht mit Zustimmung des Kunden.

Der Messgerätehalte (respektive das QM-System des Messmittelhalters) wissen alleine, wie das Messgerät eingesetzt wird (Einschichtbetrieb oder „rund um die Uhr", Laborbedingungen oder Baustelleneinsatz) und muss diese Einflüsse in die Vergabe des Kalibrierintervalls einfließen lassen.
Die Angabe eines Kalibrierintervalls in einem Kalibrierschein ohne Zustimmung des Kunden würde eine unzulässige Einmischung der Kalibrierstelle in das QM-System, des Messgerätehalters bedeuten. Daraus könnte sogar der Versuch einer Kundenbindung unterstellt werden – dies wäre nicht zulässig.

Daher muss die Intervallvorgabe vom Messmittelhalter kommen; mit dieser Angabe – wenn sie dem Kalibrierlabor vorzugsweise in schriftlicher Form bekannt gemacht wird – gilt die Zustimmung als gegeben.

DAkkS-Kalibriermarken haben niemals eine Intervallangabe oder die Angabe der nächsten Kalibrierung.

Es ist zulässig, zusätzlich zum DAkkS-Aufkleber einen (eigenen) Werksaufkleber mit Intervallangabe oder, besser, dem Datum der Kalibrierung / dem Datum der nächsten Kalibrierung am Messmittel anzubringen.

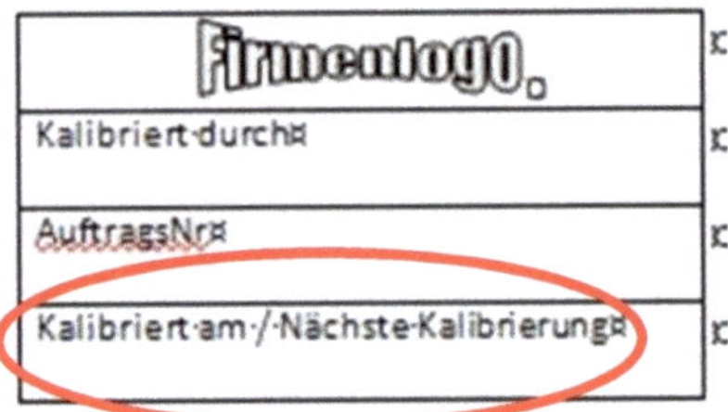

Die Konformitätsaussage

Neu ist in der Ausgabe DIN EN ISO/IEC17025:2018 die Aussage / Vorgabe über eine Konformitätsaussage.

Die Aufnahme einer Konformitätsaussage beruht auf dem Wunsch vieler Messmittelhalter und gibt an, ob ein Messgerät am Ende einer Kalibrierung Vorgaben (z.B. den Spezifikationen des Herstellers) entspricht – oder eben nicht.

Um eine solche Entscheidung zu treffen, muss festgelegt werden, wie die „Regel" hierzu ist: die Norm spricht von einer Entscheidungsregel.

Es gibt keine verbindliche Vorgeschriebene Vorgabe zu einer Konformitätsaussage. Diese kann zwischen Kalibrierstelle und Gerätehalter vereinbart werden. Daher gibt es unterschiedliche Modelle, auf die sich geeinigt werden kann:

Normative / zu vereinbarende Vorgaben zur Konformitätsaussage:

- Konformitätsaussage nach 14253-1
- Konformitätsaussage nach ILAC G9 8-2009
- Konformitätsaussage nach DAkkS-DKD-5
- Konformitätsaussage ohne Berücksichtigung der Messunsicherheit
- Konformitätsaussage nach individueller Kundenanforderung

Daraus können Konformitätsaussagen / die Entscheidungsregel nach Kundenwunsch abgeleitet werden, z.B.:

- ohne Berücksichtigung der Messunsicherheit
- „shared Risk"
- individuelle Anforderungen

Mit der Kalibrierstelle muss, wenn eine Konformitätsaussage im Kalibrierschein gewünscht wird, eine Vereinbarung getroffen werden.

Die Form dieser Vereinbarung wird derzeit unterschiedlich praktiziert:

- die Kalibrierstelle hat eine Formulierung -ggf. auch als Fußnote - im Auftrag
- Die Kalibrierstelle hat einen Flyer / Infoschreiben, in dem beschrieben steht wie die Entscheidungsregel lautet sofern nicht anders vereinbart
- In den allgemeinen Geschäftsbedingungen (AGB's) der Kalibrierstelle ist eine Formulierung enthalten.

Wird von der Kalibrierstelle eine Konformitätsaussage im Kalibrierschein verlangt, sollte auch eine Vorgabe zur Entscheidungsregel gemacht werden – sonst gilt die Mitteilung in einer der oben beschrieben oder ähnlichen Formen als Vereinbarung!

Nachfolgend werden die gängigsten Modelle einer Entscheidungsregel vorgestellt und erläutert.

Entscheidungsregel – was steckt dahinter?

Das Diagramm zeigt mögliche Fälle einer Messwertaufnahme. Der jeweilige Messwert liegt auf der gestrichelten Linie, die Doppel-T stehen für die Messunsicherheit der Messung.

Beim ersten Messpunkt liegt der Messwert einschließlich der zugeordneten Messunsicherheit eindeutig innerhalb der Spezifikationsgrenze.

Beim zweiten Fall ist erkennbar, dass der Messwert deutlich innerhalb der Spezifikationsgrenze liegt. Durch die einbezogene Messunsicherheit könnte der Wert aber eventuell auch außerhalb der Spezifikationsgrenze liegen.

Beim dritten Fall ist erkennbar, dass der Messwert deutlich außerhalb der Spezifikationsgrenze liegt. Durch die einbezogene Messunsicherheit könnte der Wert aber eventuell auch innerhalb der Spezifikationsgrenze liegen.

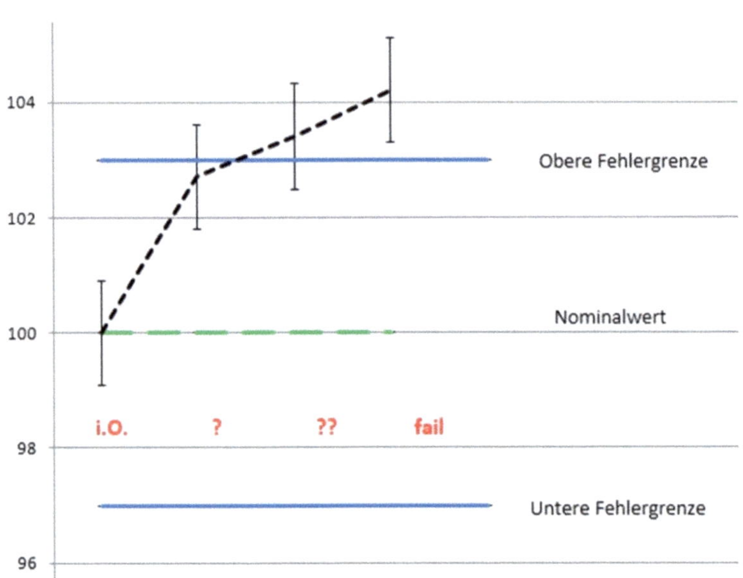

i.O.:	Das Instrument hält die Spezifikationen unter Berücksichtigung der Messunsicherheit ein
?:	Die Messung ist innerhalb der Fehlergrenzen. Unter Berücksichtigung der Messunsicherheit kann keine Aussage über die Einhaltung der Spezifikation gemacht werden. Die Wahrscheinlichkeit der Einhaltung ist größer als die Nichteinhaltung.
??:	Die Messung ist außerhalb der Fehlergrenzen. Unter Berücksichtigung der Messunsicherheit kann keine Aussage über die Einhaltung der Spezifikation gemacht werden. Die Wahrscheinlichkeit der Einhaltung ist kleiner als die Nichteinhaltung.
Fail:	Das Messergebnis einschließlich der Messunsicherheit ist größer als die obere Fehlergrenze. Das Instrument hält die Spezifikationen nicht ein.

Kompendium Kalibrierung

Die Messunsicherheit drückt, wie oben beschrieben, die „Qualität" der Messung bzw. der Kalibrierung aus.

Auch wenn der gemessene Wert „in Ordnung", also innerhalb der Spezifikationsgrenze ist, kann aufgrund des Unsicherheitsfaktors das tatsächliche Ergebnis außerhalb sein. Die o.a. Grafik zeigt, dass es nur zwei eindeutige Ergebnisse gibt: Der erste Messpunkt ist einschließlich Messunsicherheit innerhalb der Spezifikationen – der letzte Messpunkt ist eindeutig außerhalb der Spezifikationen. Bei den beiden anderen Messpunkten kann dies nicht mit Sicherheit bestimmt werden.

Die ILAC G8 (ILAC: International Laboratory Accreditation Cooperation) setzt diese Fälle als „cases" um:

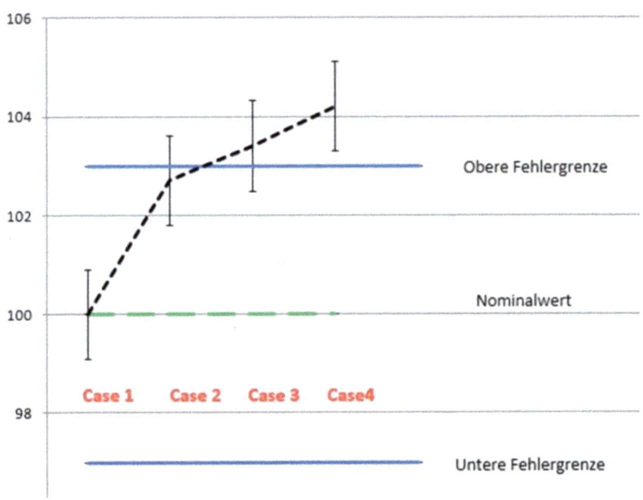

Eine eindeutige Aussage zur Konformität oder Nicht-Konformität kann nur zu den Fällen 1 und 4 getroffen werden.

Kompendium Kalibrierung

Muss ein Gerät „konform" sein?

Der Sinn einer Kalibrierung ist die Feststellung einer Messabweichung. Im Idealfall würde ein Messgerät immer genau den Wert anzeigen, den es auch misst.
In der Praxis ist dies niemals so.
Aber wann ist das Gerät „in Ordnung" – wann nicht?
Alle Messgeräte haben drei charakteristische Grundmerkmale:
- Präzision
- Wiederholbarkeit
- Linearität

Wenn ein Messgerät an der gleichen Stelle seiner Kennlinie immer gleich „falsch" misst, ist dies kein Problem: mit einer Korrekturtabelle – in modernen Geräten durch Ablage in einem Speicherbaustein mit automatischer Korrektur der Anzeige – kann man den richtigen Wert ermitteln.
Kalibrierscheine geben die über den Messbereich ermittelten Werte an – eine Messergebniskorrektur kann durch den Anwender erfolgen.

Dies ist vielen Nutzern zu aufwändig – es gab Forderungen an den Normenausschuss, eine einfache Möglichkeit der Bewertung des Kalibrierergebnisses zu schaffen. Man will schnell erkennen können, ob das Gerät so präzise ist, wie man es einmal gekauft hat – die Konformitätsaussage wurde eingebracht.
Es spricht aber nach wie vor nichts dagegen, mit den bei der Kalibrierung ermittelten Messwerten zu arbeiten – das Gerät ist nicht defekt.

Messgerätebedarf

Messgeräte sind da – in jedem Betrieb und auch daheim. Aber warum eigentlich – für welchen Zweck wurden sie angeschafft? Worauf muss geachtet werden, wenn ein Messgerät erneuert werden muss? Wenn ein Angebot für eine Kalibrierung eingeholt werden muss – was wird der Kalibrierstelle als benötigter Kalibrierumfang mitgeteilt?

All diese Fragen könnte man leicht beantworten, wenn für die vorhandenen Messgeräte eine Art Lastenheft vorliegen würde, in dem die Spezifikationen, Messbereiche und Genauigkeitsanforderungen stehen. Ein Datenblatt ist das Lastenheft des Messgerätes.
Dieses Datenblatt kann und wird zwar in vielen Punkten mit einem eventuell verfügbaren Datenblatt des Geräteherstellers sein – trotzdem sollte zur Spezifizierung der eigenen Messaufgaben und des Kalibrierumfangs der Aufwand eigener Datenblätter betrieben werden:

Die Gerätedaten in den Herstellerunterlagen stellen darüber hinaus gerne firmen- und typenspezifischen Spezifikationen oder Besonderheiten heraus. Will man z.B. die Spezifikationen von Frequenzzählern zweier Hersteller vergleichen, gelangt schnell an Grenzen, wenn über die zählertypischen Kerndaten wie Frequenzbereich oder Empfindlichkeit hinaus verglichen werden soll.

Hier werden bei Hersteller A Angaben gemacht, die bei Hersteller B vergeblich gesucht werden – und umgekehrt. Beispiele: Angaben über Kurzzeit – manchmal sogar „Midterm-" – also mittlere Laufzeit und Langzeitstabilität.

Darüber hinaus gibt es fast immer spezielle „Options" oder „Features", mit dem sich die einzelnen Hersteller von anderen abzuheben versuchen.
Dabei gibt es natürlich manche sinnvolle Option – manche ist aber als „nice to have" zu sehen und nicht wirklich notwendig.

Im einfachsten Fall entspricht ein Datenblatt den Angaben des Herstellers des Messgerätes über dessen technische Eigenschaften.

Versucht man ein Datenblatt zu erstellen, in den man „einfach" diese Herstellerleistungsdaten übernimmt, stellt man sehr schnell fest, dass die marktüblichen Geräte fast immer viel mehr bieten, als wirklich benötigt wird. Dies kann sowohl den Leistungsumfang, als auch die Präzision eines Messgerätes betreffen. Am Beispiel eines Multimeters soll dies erläutert werden.

Noch vor gut zwei Jahrzehnten war ein Multimeter ein analog anzeigendes Instrument mit Strom-, Spannungs- und Widerstandsmessbereichen.

Die typische Genauigkeit war +/- 3%. Für viele Servicearbeiten war ein solches Multimeter absolut ausreichend; die Kalibrierung kein Problem.

Durch Einzug der Digitaltechnik und ständigen Preisverfall können Multimeter heute für sehr wenig Geld bei zahlreichen Händlern - auch Billiganbietern im Internet - erworben werden.
Die Qualität dieser „Instrumente" soll an dieser Stelle nicht kommentiert werden – gute Qualität hat ihren Preis.
Schaut man sich aber die Leistungsdaten dieser Geräte an, stellt man fest, dass man deutlich mehr Leistung erhält als noch vor wenigen Jahren:
In der Regel eine um Klassen bessere Präzision (kleinere Toleranzen), viele nützliche und genau so viel unnütze Funktionen zusätzlich: Diodentest, manchmal Transistortesteingänge, Durchgangsprüfer, dB-Eingang und ähnliches. Man muss schon beim Kauf hinterfragen, ob diese Funktionen wirklich alle benötigt werden!
Nun kommt der Zeitpunkt, dass dieses Multimeter kalibriert werden muss: die Kalibrierung des vollen Umfangs der Messgeräteeigenschaften kostet ihren Preis. Heißt: entweder, man lässt für teures Geld Funktionen kalibrieren, die man nicht benötigt (weil die ursprünglichen Messaufgaben etwa gleich
geblieben sind) oder – was leider zu oft praktiziert wird, aber eine Verwischung und Verwässerung der qualitativen Status des eigenen Betriebes bedeutet,

man sucht sich eine DAkkS-Kalibrierstelle, gibt das Multimeter zur Kalibrierung und erhält es bald mit einem Kalibrierschein zurück.

Analysiert man diesen Kalibrierschein, stellt man häufig fest, dass die DAkkS-Stelle genau das kalibriert hat, wofür sie akkreditiert ist, z.B. Spannung. Aber was ist mit den anderen Funktionen des Messgerätes? Strom-, Widerstandbereich? Die Zusatzfunktionen? Das Multimeter ist also nur irgendwie „halb" und damit unvollständig kalibriert. Nur unter Hinzuziehung eines Kalibrierscheins ist zu erkennen, was genau kalibriert wurde.

Hätte dieses Gerät ein Datenblatt – und zwar eines vom Gerätebesitzer wie oben beschrieben angefertigt - wäre dieses Datenblatt eine Grundlage,
- eine geeignete Kalibriereinrichtung zu finden
- und dadurch Erkenntnisse über die wirtschaftliche Verfügbarkeit dieser Kalibrierressource zu gewinnen.
- das Datenblatt ggf. lagebedingt anzupassen und damit ein klares Bild über den tatsächlichen eigenen Bedarf zu gewinnen
- und so zukünftig wirtschaftlich arbeiten zu können

Weiterhin ist ein solches Datenblatt auch Grundlage für eine anstehende Nachbeschaffung. Denn nur der tatsächlich benötigte Leistungsumfang darf Grundlage für eine sinnvolle und wirtschaftliche Nachbeschaffung sein – nicht was gerade „angesagt" ist und welches Messgerät mit tollen Features glänzt.
Ein Datenblatt kann als Lastenheft angesehen werden und beschreibt die wirklich benötigten Eigenschaften eines jeden Messgerätes.

Dieses Datenblatt
- beschreibt detailliert, was das Messgerät „kann" / können muss
- Ist Grundlage für einen Einkäufer, ein gleichwertiges oder besseres Ersatz- oder Nachfolgegerät zu finden
- Ist Grundlage, eine geeignete Kalibrierstelle zu finden: bei einer Angebotseinholung dieses Datenblatt beifügen und als Grundlage für den Kalibrierumfang machen.

Bei der Erstellung eines Datenblattes soll erkannt werden, was der wirklich geforderte Kalibrierumfang / der wirklich benötigte Parameter ist:

Beispiel: Bei einer Messbrücke ist in einem Zweig ein Normalkondensator eingefügt. Dieser Kondensator hat einen Nennwert und eine zugehörige (Herstellungs-)toleranz und ist als Einzelteil als kalibrierpflichtig eingestuft.
Falsch wäre die Einstufung mit dem Nennwert und der entsprechenden Toleranz.
Richtig wäre in diesem Fall ein Datenblatt, in dem der Nennwert aufgeführt ist, aber eine Angabe „Abweichung von der vorausgehenden Kalibrierung max. +/- 2 nF.
Bei diesem Kondensator ist nicht der absolute Wert von Bedeutung, sondern die Varianz / die Veränderung des aktuellen Wertes seit der letzten Kalibrierung.
Die Kalibriergröße war also nicht der Nennwert, sondern die Drift von diesem Wert.

An diesem Beispiel soll erkannt werden, dass nicht „blind" aufgedruckte Werte in ein Datenblatt übernommen werden sollen, sondern dass ein Datenblatt eine Dokumentation der tatsächlich erforderlichen Leistungsparameter sein soll.

Kennzeichnung von Mess- und Prüfgeräten

Die ISO 9001:2015 fordert im Abschnitt 7.1.5.2 („Messtechnische Rückführbarkeit", Auszug):

„Wenn die messtechnische Rückführbarkeit eine Anforderung darstellt, oder von der Organisation als wesentlicher Beitrag zur Schaffung von Vertrauen in die Gültigkeit der Messergebnisse angesehen wird, muss das Messmittel:

a) in bestimmten Abständen oder vor der Anwendung gegen Normale kalibriert, verifiziert oder beides werden, die auf internationale oder nationale Normale rückgeführt sind; wenn es solche Normale nicht gibt, muss die Grundlage für die Kalibrierung oder Verifizierung als dokumentierte Information aufbewahrt werden;

*b) **gekennzeichnet werden, um deren Status bestimmen zu können;***

c) ... „

Die konsequente Umsetzung dieser (als sehr sinnvoll erachteten) Forderung bedeutet:
Kennzeichnen Sie <u>jedes</u> Mess- oder Prüfgerät Ihres Betriebs mit diesem Sticker, der entsprechend den Einträgen der Messmittelüberwachung beschriftet / ausgefüllt sein muss.

Empfehlung: Entwerfen Sie für Ihren Betrieb eine

Kompendium Kalibrierung

Kalibriermarke (auch Kalibrieraufkleber oder Kalibriersticker genannt).

Eine solche einheitliche Kennzeichnung hat eine Reihe von entscheidenden Vorteilen:

- jeder Mitarbeiter kann angewiesen werden, grundsätzlich vor Beginn seiner Arbeiten die Kalibriersticker auf Gültigkeit zu überprüfen

- es bleibt bei einer größeren Anzahl von Mess- und Prüfgeräten nicht aus, dass Messgeräte vorübergehend nicht auffindbar sind oder dass auf diese nicht zugegriffen werden kann. Dies kann durch innerbetriebliche Umzüge, durch Verleih der Geräte, durch seltene Benutzung, bei Ausgabe an Außendienst- Mitarbeiter usw. geschehen. Taucht ein derartiges Messgerät wieder auf, kann durch einen kurzen Blick auf den Kalibriersticker der Kalibrierstatus festgestellt werden.

- Werden Mess- und Prüfgeräte zur Kalibrierung an externe Kalibriereinrichtungen vergeben, erhalten Sie dort i.d.R. eine Kalibriermarke des durchführenden Labors. Dies kann eine DAkkS-Marke sein, kann aber auch – z.B. bei Werkskalibrierungen – eine beliebige Marke der Kalibriereinrichtung sein. Für die Gesamtheit dieser Kalibriersticker gilt: Einheitlich ist gar nichts. Unterschiedliche Formate, Farben, Angaben führen dazu, dass die Inhalte nur schlecht durch den Nutzer erfasst und umgesetzt werden können. Wird zusätzlich zu diesen „fremden" Stickern ein firmeneigener Sticker aufgebracht, wird diese Schwachstelle kompensiert und o.a. erste Strichaufzählung kann mit Nachdruck gefordert werden.

Ein einfacher Kalibrieraufkleber ist auch für wenig Geld zu beschaffen. Auch wenn der Phantasie keine Grenzen gesetzt sind, sollte man die Anzahl der Felder auf das Notwendigste beschränken – schließlich soll der Sticker „mit einem Blick" erfasst werden können.

Beispiel für einen einfachen Aufkleber :

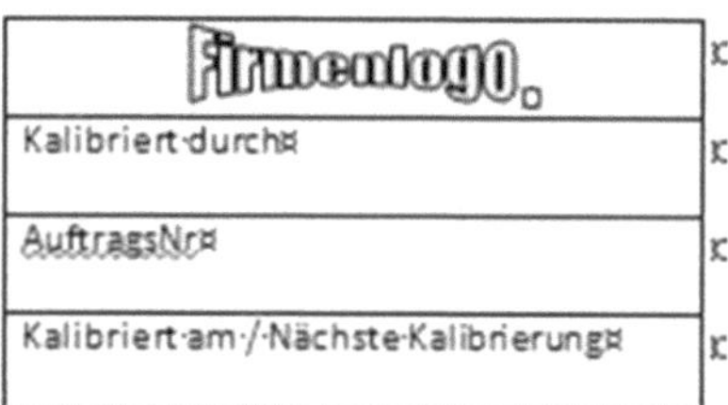

Auf diesem nur ca. 50 x 30 mm großen Aufkleber sind alle wichtigen Angaben enthalten, die

- Bezüge zur Kalibrierstelle („kalibriert durch", „Auftragsnummer") und die letzte Kalibrierung herstellen.
- den aktuellen Kalibrierstatus angeben

Ausfüllempfehlung für einen solchen Kalibrieraufkleber:

Zeile 1:   Firmenname /-logo, optional
Zeile 2:   Name der Kalibrierstelle, ggf. Abteilung
Zeile 3:   Auftragsnummer
Zeile 4:   Feld "Nächste Kalibrierung":
             Bei Kalibrierungen und
             Vergleichsprüfungen: Angabe des
             Monats mit drei Buchstaben, z.B. Jan.,
             Feb., (Ausnahme: März), Jahr
             Bei anderen Maßnahmen:
             entsprechendes Kürzel (z.B. NCR, ICO)

Mit der Angabe der Kalibrierstelle und der Auftragsnummer kann

- im Bedarfsfall eine neue Kalibrierung angefordert werden
- der zugehörige Kalibrierschein aufgefunden werden.

Jede Kalibrierstelle hat eine Auftrags- oder Betriebsführungssystem; eine akkreditierte Kalibrierstelle ist sogar verpflichtet, Kalibrierergebnisse aufzubewahren (vergleiche hierzu: ISO EN 17025:2018, Ziff. 7.5 „Technische Aufzeichnungen").

.

Mit der jeweiligen Auftragsnummer kann der letzte Auftrag aufgerufen werden – alle Gerätedaten (Typ, Serialnummer usw.) liegen der Kalibrierstelle damit vor, eine neue Kalibrierung kann vorbereitet oder angeboten werden. Bei der „Bestellung" einer Kalibrierung z.B. für ein Multimeter ist es vielleicht die Kalibrierung für eines von 10 Multimetern des Betriebes – die Kalibrierstelle kalibriert unter Umständen mehrere Dutzend Multimeter dieses Typs pro Tag – hier ist die genaue Ansprache des Multimeters hilfreich, um gewünschten Kalibrierumfang und –qualität zu erhalten.

Bei wiederholten Kalibrierungen des Messgerätes weisen die Titelseiten des Kalibrierscheins kaum Veränderungen auf – Halterdaten, Typ und Serialnummer bleiben i.d.R. unverändert. Es ändert sich das Erstellungsdatum und die Auftragsnummer. Hat man eine zentrale oder dezentrale Ablage für Kalibrierscheine, muss der jeweils letzte Kalibrierschein leicht identifizierbar sein – hier ist die Auftragsnummer hilfreich.

Sollte der Kalibrierschein nicht (mehr) verfügbar sein, kann eine Kopie bei der Kalibrierstelle mit Angabe der Auftragsnummer nachgefordert werden.

Der 3. Zeile „Nächste Kalibrierung" ist besondere Aufmerksamkeit zu widmen:
Eine Kalibrierstelle darf grundsätzlich nicht den Zeitpunkt der nächsten Kalibrierung angeben:

ISO EN 17025:2018, Ziff. 7.8.4.3 „Besondere Anforderungen an Kalibrierscheine":
Ein Kalibrierschein oder eine Kalibriermarke darf keine Empfehlung über das Kalibrierinterval] enthalten, es sei denn, dies geschieht mit Zustimmung des Kunden
Hier soll einer ungewollten Kundenbindung vorgebeugt werden: es ist grundsätzlich die freie Entscheidung des Gerätehalters, ob wann und wie oft er sein Gerät zur Kalibrierung vorstellt.

Diese freie Entscheidung ist zwar gegebenenfalls durch Anforderungen eingeschränkt, wie sie z.B. das Produkthaftungsgesetz oder die ISO9001 beinhalten – trotzdem soll der Gerätehalter frei in seiner Entscheidung bleiben und nicht an eine Kalibriereinrichtung gebunden sein.
Auf der anderen Seite steht natürlich mit Blick auf diese Normen und Gesetze auch die Verpflichtung, ein Kalibrierintervall zu unterschreiten, wenn durch Versagen, Störung oder Bruch die Validität des letzten Kalibrierergebnisses angezweifelt werden muss.

Ein eigener Kalibrieraufkleber (der ja einer Kalibrierstelle zur Verfügung gestellt werden kann!) hat mehrere Vorteile:

- Die Vereinbarung der Angabe eines Kalibrierintervalls wird durch die zur Verfügungstellung getroffen,
- wie oben erläutert kann jeder Mitarbeiter angewiesen werden, grundsätzlich vor Beginn seiner Arbeiten die (firmeneigenen) Kalibriersticker auf Gültigkeit zu überprüfen

Leider gibt es (noch) keine Richtlinie für einen einheitlichen oder normierten Kalibriersticker. Die oben geforderten Informationen können von vielen ve3rwendeten Kalibrierstickern nur schwer oder häufig auch gar nicht abgelesen werden.

Uneinheitliche Ausführungen, schlechte Lesbarkeit, scheinbar willkürlich als notwendig befundene Angaben helfen nicht und unterstützen kein modernes Messmittelmanagement und erfüllen nicht die Forderung der Norm nach Kennzeichnung.

Bei dieser Vielfalt kann man unmöglich erwarten, dass, wie oben beschrieben, „mit einem Blick" der Kalibrierstatus des Messgeräts erfasst werden kann. Auch ein Auditor wird sich schwer tun und sofort Kalibrierscheine verlangen.

Grundsätzlich wird man keiner Kalibrierstelle vorschreiben können, welcher Aufkleber gewünscht wird. Abhilfe schafft der (firmen)eigene Kalibrieraufkleber, der anstelle oder zusätzlich zu dem Kalibrieraufkleber der Kalibrierstelle verklebt wird. Dies empfiehlt sich besonders bei DAkkS-Aufklebern; diese sollten auf keinen Fall entfernt werden.

Kompendium Kalibrierung

DAkkS Kalibriermarken haben eine normierte Form:

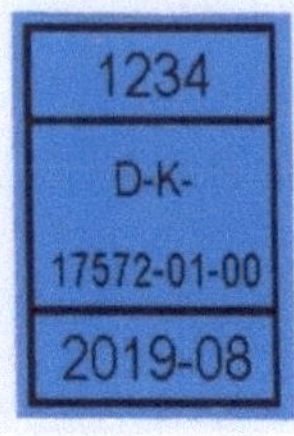

Sie sind 18 x 28 mm groß und von blauer Farbe.
Zeile 1: Zählnummer / laufende Kalibriernummer.
Zeile 2: DAkkS-Registriernummer der Kalibrierstelle
Zeile 3: Jahr und Monat der Kalibrierung
(Durchführungsdatum).

Hinsichtlich weiterer Normierung gibt es aber weitere Bestrebungen: hier ist es das Militär, welches durch gemeinsame Einsätze erkannt hat, dass eine Normierung unumgänglich ist, um Sprach,- Struktur und sogar Schriftbarrieren zu überwinden.

Mit dem NATO-Papier STANAG Nr 4704 „NATO Requirements for Calibration Support of Test and Measurement Equipment", (1. Ausgabe) wurde ein Rahmen für einen normierten Aufkleber festgelegt.
Es ist – wie bei vielen qualitätsbezogenen Vorgaben aus dem militärischen Bereich- davon auszugehen, dass in einigen Jahren eine entsprechende Norm oder

normative Vorgabe auch für den zivilen Bereich umgesetzt wird.
Der in diesem Kapitel als Beispiel aufgezeigte Kalibrieraufkleber beinhaltet bereits Teile der STANAG-Forderungen.

Kalibriersticker sollen gut sichtbar an der Gerätevorder- oder Oberseite angebracht werden. Bei kleinen Messmitteln oder Messmitteln ohne Platz für einen Aufkleber kann er auch auf dem zugehörigen Etui / Verstaubehälter angebracht werden (Beispiel: Parallelendmaßsatz: nicht jedes Endmaß erhält einen Aufkleber, der gesamte Satz trägt einen Sticker auf dem üblichen Holzaufbewahrungskasten)

Bestimmung und Anpassung von Kalibrierintervallen

Für die Festlegung von Kalibrierintervallen für Mess- und Prüfgeräte gibt es zahlreiche Ansätze:

- einerseits starre anzuwendende Vorgaben,
- andererseits unterschiedliche Lösungsansätze zur individuellen Bestimmung eines geeigneten Intervalls. Hier werden oft komplizierte mathematische Beziehungen entwickelt und zur Berechnung hinterlegt.

Eine individuelle Intervallfestlegung sollte nur in Ausnahmefällen vorgenommen werden. Grundsätzlich ist eine Vergabe einheitlicher Intervalle je Messgerätetyp anzuraten und vorzusehen:

Bei einer größeren Stückzahl und Typenvielfalt der vorhandenen Mess- und Prüfgeräte sollte auf eine individuelle Vergabe von Kalibrierintervallen für jedes einzelne Mess- und Prüfgerät verzichtet werden. Dies hat den Vorteil, dass gleichartige Geräte austauschbar sind.

Das ist bei einem ganzheitlichen QM-Ansatz wichtig: fällt einem Techniker sein Multimeter aus, wäre es fatal, wenn er sich in einer anderen Abteilung ein gleiches Gerät ausleiht – dieses aber dort als nicht kalibrierpflichtig eingestuft wurde und dementsprechend niemals kalibriert wurde.

Daher wird empfohlen:

Gleicher Gerätetyp = gleiches Intervall

Dieses Intervall wird, wie in einem vorigen Kapitel bereits beschrieben, in einem Grundsatzverzeichnis festgelegt.
Im Lebenszyklus der Geräte kann jedoch eine Anpassung der Intervalle erforderlich sein: Alterungseffekte, Erkenntnisse über sehr stabile oder unstabile Geräte, aber auch Ausreißer („Montagsgeräte") können solche Anpassungen erforderlich machen.

Erste Festlegung:
Für ein neu beschafftes Gerät sollte in der Regel die Vorgabe bzw. Empfehlung des Herstellers übernommen werden. Dabei wird ggf. abweichend ein Intervallraster gewählt, welches eine praxisorientierte Kalibrierplanung erlaubt.
Auch muss je nach Gerät die Klasse berücksichtigt werden – ein Feinmessmanometer der Klasse 0.1 sollte in einem wesentlich kürzeren Zeitintervall rekalibriert werden als ein Manometer der Klasse 2.5 .

Anpassung von Intervallen

Gerne wird aus Kostengründen das Kalibrierintervall hochgesetzt. Dies sollte man nur tun,

- wenn das Messgerät bauarttechnisch eine solche Intervallveränderung erlaubt.
- Eine Auswertung der Kalibrierergebnisse dies zulässt.

Langes Intervall aufgrund der Gerätebauart:
Es gibt einige wenige Mess- und Prüfgeräte, die praktisch keine mechanisch beweglichen Komponenten haben und dadurch keinem mechanischen Verschleiß unterliegen.

Beispiele:

- Tripelpunktzelle Wasser
- Fixpunktzelle Zinn, Zink, Silber, Gold
- Durchflussmesser auf Coriolisprinzip

Solchen Geräte kann man ein langes Kalibrierintervall von z.B. 4 – 5 Jahren vergeben. Es ist aber falsch zu glauben, dass bei solchen Messgeräten keine Veränderung stattfindet: Tripelpunktzellen Wasser z.B. bestehen aus einem Glaskörper, der mit technisch reinem Wasser befüllt ist und in dessen Innerem ein bestimmter Druck vorherrscht. Man hat von außen keinen Einfluss auf das Innere der Zelle.

Trotzdem driftet auch eine solche Zelle: Das Glas gibt im Lauf der Zeit Ionen an das Wasser ab und „verunreinigt" dieses – die Plateautemperatur verschiebt sich minimal.

Auswertung von Kalibrierergebnissen:

Möchte man eine Intervallanpassung auf Basis der technischen Gerätehistorie vornehmen, muss man sich mit den Ergebnissen erfolgter Kalibrierungen auseinandersetzen. Dies bedeutet, dass die Kalibrierergebnisse – in der Regel dokumentiert auf Kalibrierscheinen – ausgewertet werden müssen.

Eine einfache aber sehr effektive Methode ist die Zuordnung von Bearbeitungscodes nach erfolgter Kalibrierung oder auch nach jeder Instandsetzung / Reparatur:

> Beispiel 1:
> C: Kalibrierung (Calibration)
> A: Abgleich (Adjustment)
> R: Reparatur (Repair)

Oder auch:

>Beispiel 2:
>K. Konform
>N: Nichtkonform
>A: Abgleich
>R: Reparatur

Die Ausformung und der Differenzierungsgrad einer solchen Kodierung sind kaum Grenzen gesetzt und können für den eigenen Betrieb festgelegt werden – man sollte die Codes jedoch überschaubar halten und an Optionen der späteren Auswertung denken.
Eine Möglichkeit der Auswertung zur Intervallanpassung und Einzelbewertung soll nachfolgend vorgestellt und erläutert werden:
Warum die o.a. Codezuordnung? In der Vielfalt aller Messgeräte ist eine echte Vergleichbarkeit unmöglich. Auch eine standardisierte Auswertung ist unmöglich – wie sollen die Kalibrierergebnisse eines Spektrum Analysators mit unter Umständen zehntausend automatisch erfassten Messdaten mit dem Kalibrierergebnis einer Federwaage verglichen werden?
Selbst wenn nur gleiche Geräte zur Kalibrierung vorgestellt würden – zum Beispiel eine Anzahl Multimeter – ist die Auswertung der Kalibrierergebnisse durch Vergleich der Messungen mühselig und zeitraubend.

Verlangt man jedoch z.B. grundsätzlich von der Kalibriereinrichtung eine Aussage zur Konformität, weiß man mit wenig Aufwand, ob das Messgerät den Herstellervorgaben oder den Vorgaben des Datenblattes, welches zur Grundlage der Kalibrierung gemacht wurde einhält oder nicht.

Die Zuordnung eines Kennbuchstabens ist damit einfach - dieser Kennbuchstabe wird in eine Messgerätedatenbank eingetragen.

Diese Messgerätedatenbank mit allen Auftragsdaten und Bearbeitungskodes erlaubt eine Auswertung der Zuverlässigkeitsdaten der Geräte
- ganzheitlich
- typbezogen oder
- serialnummerbezogen.

Anhand der Lebenslaufdatenbank kann bewertet werden, ob
- alle Geräte eines Typs instabil sind -> Verkürzung der Intervalls
- einzelne Geräte instabil sind -> Aussonderung
- Geräte stabil sind -> Verlängerung des Intervalls

Einzelfallentscheidungen sind möglich, erfasste Messwerte können unterstützend herangezogen werden

Durch die Auswertung der Kennbuchstaben kann man sehr schnell den metrologischen Trend des jeweiligen Messgerätes erkennen. Natürlich ist eine Mindestzahl von Kalibrierungen erforderlich – weniger als drei getrennte Kalibrierergebnisse sollten nicht vorliegen.

Intervallverlängerung

Wenn die beiden oben beschrieben Fälle nicht zutreffen, gibt es <u>keine technisch begründbare Entscheidung für eine Intervallverlängerung</u>.
Von einer rein wirtschaftlichen Entscheidung ist mit Nachdruck abzuraten. Auch das gerne hergenommene Argument „Messgerät wird nur ganz wenig / selten hält keiner fachlichen Prüfung Stand: Messgeräte, die mechanische Komponenten enthalten, erfahren auch bei Nichtbenutzung Veränderungen, die ihre messtechnischen Eigenschaften maßgeblich beeinflussen.

Beispiele:

Messgeräte mit beweglichen Komponenten wie Drehmomentschlüssel:
Intern verwendete Fette können verharzen, Lager werden schwergängig, Federn verändern je Spannungszustand ihre Konstante.

Messgeräte ohne bewegliche Komponenten wie Massestücke:
Können, z.B. durch geringe magnetische Einflüsse, ihren Auftrieb verändern; die Oberfläche kann bei Lagerung in nichtklimatisierten Räumen oxidieren.

Elektronische Messgeräte allgemein wie Multimeter, Oszilloskope usw.: Bauteile können austrocknen.

Wird ein Kalibrierintervall nun extrem verlängert – z.B. auf 4 Jahre (dieses Intervall wird in der Praxis tatsächlich angetroffen) muss vor dem Einsatz solcher Mess- und Prüfgeräte ausdrücklich gewarnt werden – sie müssen als nicht kalibriert angesehen werden.

Es macht auch keinen Sinn, Kalibrierintervalle (deutlich) zu verlängern, weil das Messgerät nicht benötigt wird.

Besser: Sperrung des Messgerätes mit eindeutiger Kennzeichnung am Gerät (Kalibrieraufkleber), Zugriff verwehren („Einschliessen") und entsprechender Eintrag in der Kalibrierübersicht.

Intervallvorgaben im Kalibrierschein

Ein Kalibrierlaboratorium darf ein Intervall grundsätzlich nicht vorgeben. Damit soll eine (wirtschaftliche) Abhängigkeit des Kunden vom Kalibrierlabor vermieden werden.

Eine Vereinbarung mit dem Auftraggeber/Kunden ist jedoch zulässig; wünscht der Kunde die Angabe eines Intervalls bzw. Termins der nächsten fälligen Kalibrierung, dann darf dies auch im Kalibrierschein vermerkt werden.

Nachdem jedoch tatsächlich extreme Intervalle wie die oben genannten 4 Jahre angetroffen werden, hat man sich in verschiedenen Arbeitsgruppen der DKD / DAkkS Fachausschüsse; Arbeitskreisen zur DIN- oder VDE/VDI Richtlinienerarbeitung) entschlossen, die Gültigkeitsdauer von Kalibrierscheinen zu begrenzen: die Kalibrier<u>scheine</u> haben eine Gültigkeitsdauer, nicht die „Kalibrierung", bzw. das Kalibrierintervall!

Beispiel:
Die DIN 51309:2005-12 schreibt in Absatz 6.3.2 Rekalibrierung:
„Die Gültigkeitsdauer des Kalibrierscheins beträgt maximal 26 Monate."
Hier kann man die deutliche Empfehlung eines Zweijahresintervalls sehen. Um Unplanbarkeiten (unausweichlicher Messbedarf, Audit, Terminvergabe der Kalibrierstelle o.a.) auffangen zu können, wurden 2 weitere Monate hinzugegeben.

Angabe des Rekalibrierungszeitpunkts

Eine Frage, die gerne diskutiert wird ist: wann genau läuft denn die Gültigkeit der Kalibrierung ab? (Vergleiche hierzu auch o.a. Ausführungen zu „Intervallvorgaben im Kalibrierschein").
Zur Beantwortung dieser Frage gibt es keine offizielle oder normenbasierte Vorgabe.
Hat ein Messgerät ein Kalibrierintervall von 12 Monaten und die letzte Kalibrierung am 16.04.2015 erfahren – wann muss es wieder zur Kalibrierung?
Es gibt Betriebsführungssysteme, die auch zur Messmittelüberwachung eingesetzt werden, die ein vollständiges Datum führen.

Demnach dürfte das Messgerät ab dem 16.04.2016 nicht mehr verwendet werden, wenn es nicht zuvor erneut kalibriert wurde.

Besser - weil praxisnäher - wäre eine Festlegung zu treffen, die vorsieht, dass ein Messgerät immer monatsbezogen zur Kalibrierung vorgestellt werden muss. In unserem Beispiel wäre das im April 2016.
Damit kann maximal ein fast voller Monat „gewonnen" werden. Dies erscheint nur auf den ersten Blick als zusätzliche Zeit der Nutzung. In der Regel kann die Wiedervorstellung zur Kalibrierung nicht taggenau koordiniert werden – hier gibt es zu

viele Unwägbarkeiten, die im eigenen Betrieb liegen können, aber auch bei einem externen Kalibrierdienstleister liegen können.

Den „Zielmonat" als Ablauf Zeitpunkt zu wählen, gibt daher lediglich den notwendigen Spielraum für die alltagstaugliche Anmeldung zur Kalibrierung.

Entscheidet man sich für diese Vorgehensweise,

- muss sie im Qualitätsmanagementhandbuch niedergeschrieben sein
- muss das Wiedervorstellungsdatum in der Messmittel-überwachung entsprechend geführt werden
- der eigene Kalibrieraufkleber (falls verwendet) entsprechend nur mit Angabe von Monat und Jahr befüllt werden.

Beginn eines Kalibrierintervalls

Der Ablauf eines Kalibrierintervalls beginnt ab dem Datum der Kalibrierung zu zählen. Es ist ein weit verbreiteter Irrglaube, dass die Zeit erst ab der ersten Nutzung läuft.

Es ist gewiss ärgerlich, dass ein Teil des Nutzungszeitraums für logistische Vorgänge wie Versand vorzusehen ist. Aber es muss verstanden werden, dass nicht die Nutzung ein Messgerät beeinflusst, sondern viele Faktoren. Dazu gehören auch Einflüsse, die bei der Lagerung oder „Nichtbenutzung" negative Auswirkungen auf das Messgerät haben können.

Beispiele sind bereits im Abschnitt „Keine Intervallverlängerung" aufgeführt.

Unterbrechung der Nutzung

Auch eine Unterbrechung der Nutzung eines Messgerätes und z.B. dessen Einlagerung für einen Zeitraum verlängert nicht das Kalibrierintervall. Das Intervall beginnt mit dem Zeitpunkt des Abschlusses einer Kalibrierung.

Kompendium Kalibrierung

Allgemeines zu Kalibrierungen und Kalibrierintervallen

Etwa 8% aller Mess- und Prüfgeräte müssen bei einer Kalibrierung eingestellt und justiert werden.

Es ist jedoch eine klare Abgrenzung zu ziehen:
Wird ein Gerät als „defekt" dem Hersteller oder einer Kalibrier-einrichtung (häufig identisch) vorgestellt, fällt es nicht unter diese 8%.
Der Gerätehalter wusste, dass ein Ausfall (Versagen, Störung oder Bruch) vorlag. Berücksichtigt sind Geräte, die eigentlich „nur" kalibriert werden sollten und von denen der Nutzer nicht annahm, dass sie fehlerhaft oder ungenau messen.

Diese Zahl hat zwar eine gewisse Unschärfe, beruht jedoch auf einer Auswertung eines großen Gerätepools (> 200.000 Geräte, über 10.000 verschiedene Gerätetypen aller Art: vom einfachen Multimeter bis zum Spektrumanalysator, von Grobwaage bis zum Niederdrucknormal); deckt sich mit Erfahrungen anderer Gerätehalter mit einer großen Menge an Mess- und Prüfgeräten und kann als „Daumenwert" und damit als Richtwert für eine eigene Zielvorgabe eines Qualityscores herhalten.

Einplanung / Abgabe zur Kalibrierung

Werks- oder DAkkS-Kalibrierung

Spätestens bei der Planung / Anmeldung zur Kalibrierung muss man sich der Frage stellen, ob eine Werkskalibrierung ausreicht oder eine DAkkS-Kalibrierung benötigt wird (vergl. Hierzu auch „Grundsatzverzeichnis").

Ein üblicher – aber undurchdachter Ansatz – ist häufig die Frage nach den Kosten. Die Antwort kann pauschal gegeben werden: eine Werkskalibrierung ist immer deutlich preiswerter. Damit fällt häufig auch die Entscheidung für diese Kalibrierung.
Eine solche Vorgehensweise ist zu kurz gedacht und wird häufig beim nächsten Audit zum Problem.

Eine offizielle Definition für den Begriff Werkskalibrierung gibt es nicht. Damit weiß man zunächst nicht genau, was angeboten wird. Eine Werkskalibrierung wird in der Regel in Anlehnung an Normen und Regelwerken oder auf Basis von Anforderungen des Kunden durchgeführt.

Dies kann für viele Anwendungen durchaus ausreichend sein, jedoch sollte die Entscheidung für eine Werkskalibrierung strukturiert durchdacht und im Anschluss basiert auf eine Entscheidungsmatrix gestützt sein.

Die DAkkS-Schrift „DAkkS-DKD 4" definiert Werkskalibrierung wie folgt:

„Innerbetriebliche Kalibrierung (Werkskalibrierung)
6.4.1 Ein innerbetriebliches Kalibriersystem stellt sicher, dass alle in einem Unternehmen benutzten Mess- und Prüfmittel regelmäßig mit den unternehmenseigenen Bezugsnormalen kalibriert werden. Für die Bezugsnormale des Unternehmens muss die Rückführung der Messungen durch Kalibrierung in einem akkreditierten Kalibrierlaboratorium oder einem metrologischen Staatsinstitut sichergestellt werden. Die innerbetriebliche Kalibrierung kann durch einen innerbetrieblichen Kalibrierschein, ein Kalibrierzeichen oder eine andere geeignete Methode nachgewiesen werden. Die Kalibrierunterlagen müssen für einen vorgeschriebenen Zeitraum aufbewahrt werden.

6.4.2 Die Art und der Umfang der messtechnischen Kontrolle bei einer innerbetrieblichen Kalibrierung bleiben dem betreffenden Unternehmen überlassen. Sie müssen den besonderen Anwendungsfällen angepasst sein, so dass die mit den Mess- und Prüfmitteln erzielten Ergebnisse ausreichend genau und zuverlässig sind. Eine Akkreditierung der Organisationen, die innerbetriebliche Kalibrierungen ausführen, ist zur Erfüllung der auf innerbetriebliche Belange angewendeten Anforderungen der Normenreihe EN ISO 9000 nicht erforderlich. Wenn jedoch eine externe Stelle einen innerbetrieblichen Kalibrierschein als Nachweis der Rückführung verwendet, sollte gefordert werden, dass die ausstellende Organisation ihre Kompetenz nachweisen kann."

Eine Analyse dieses Textes ergibt für die Umsetzung:
- Ein Werkskalibrierschein wird als innerbetrieblich erstellter Kalibrierschein angesehen.
- Soll der Werkskalibrierschein einer anderen, externen Kalibrierstelle anerkannt / genutzt werden, *sollte* diese Stelle akkreditiert sein.

Bei der Auswahl eines geeigneten Kalibrierlabors für eine Werkskalibrierung ist eine Kalibrierstelle, die in mindestens einem Parameter nach EN 17025 akkreditiert ist, das erste Auswahlkriterium sein:
Ein Kalibrierlabor, dass eine solche Akkreditierung besitzt, hat ein Qualitätsmanagementsystem und grundsätzlich die ganze Bandbreite der Vorgaben dieser Norm zu beachten.
Es ist zwar möglich, aber äußerst unwahrscheinlich, dass ein Labor, welches den Aufwand einer Akkreditierung betreibt, ein Parallelsystem hat,

welches alle organisatorischen und auch infrastrukturellen Aufwendungen liegen lässt und eine „Hinterhofkalibrierung" ohne jede qualitätsrelevante Anforderung durchführt.
Zweites Auswahlkriterium sollte die Feststellung sein, was mit dem Mess- und Prüfgerät gemessen wird. In diesem Fall sind nicht die Messgrößen, sondern die Einsatzbereiche der Instrumente gemeint.

Dazu sollten folgende Fragen beantwortet werden:
- Ist das Messgerät ein Gerät für den Tagesgebrauch (Gelegenheitsmessungen: z.B. Schieblehre zur Bestimmung der Bohrerstärke, Multimeter um Spannungsführung einer Steckdose festzustellen u.ä.)
- Oder werden regelmäßige, kritische oder qualitätsrelevante Messungen durchgeführt (z.B. Nachmessen von Fertigungsmassen)?
- Oder wird mit dem Messgerät sogar kalibriert (Überprüfung und Kalibrierung anderer Messgeräte des Betriebs, z.B. Multimeter oder Drehmomentschlüssel)?

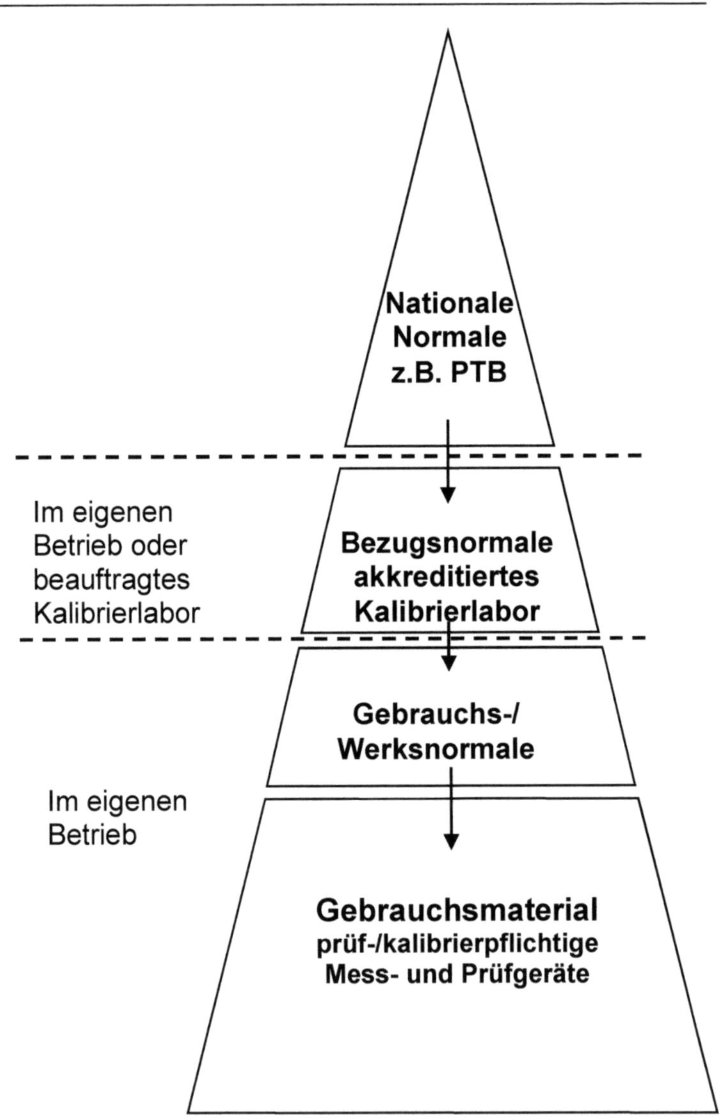

Nationale
Normale
z.B. PTB
Bezugsnormale
akkreditiertes
Kalibrierlabor
Gebrauchs-/
Werksnormale
Gebrauchsmaterial
prüf-/kalibrierpflichtige
Mess- und Prüfgeräte
Im eigenen
Betrieb oder
beauftragtes
Kalibrierlabor
Im eigenen
Betrieb

Zur Beantwortung dieser Fragen sollte man die Mess- und Prüfgeräte hinsichtlich ihres Einsatzgebietes gruppieren.

Diese Gruppierung lässt sich am einfachsten anhand der bereits vorgestellten Pyramide zur Visualisierung der eigenen Kalibrierhierarchie vornehmen.

Ordnen Sie (die in Frage kommenden) Mess- und Prüfgeräte in die entsprechenden Ebenen der Pyramide ein – in der Regel kommen nur die beiden unteren Ebenen in Frage, Ebene drei kann bei einzelnen Betrieben vorkommen.

Untersucht man so die Mess- und Prüfgeräte des eigenen Betriebs, stellt man eventuell fest, dass vielleicht sogar Gebrauchsnormale vorhanden sind. Beispiele:

- Um Drehmomentschlüssel kalibrieren zu können, steht ein Kalibriergerät (Beispiel: SCHATZ caliTest) zur Verfügung.
- Um Multimeter kalibrieren zu können, steht ein Kalibrator (Beispiel: FLUKE 5101) zur Verfügung

Hier gibt die DAkkS-DKD-4 präzise Auskunft:
„Gebrauchsnormale oder Werksnormale müssen durch ein akkreditiertes Kalibrierlabor kalibriert und so auf nationale Normale rückführbar sein."
Damit ist eine eindeutige Entscheidungshilfe gegeben.

Zusammenfassung: Der Unterschied zwischen DAkkS-Kalibrierungen und Werkskalibrierungen kann darin bestehen, dass anzuwendende Normen oder Vorschriften für die Kalibrierung (z.B. VDI/VDE 2646 für Drehmomentsensoren) nur in einfacher, „abgespeckter" Form angewendet werden. Damit sind einfache und kostengünstige und technisch korrekte Kalibrierungen durchführbar.

Bei DAkkS-Kalibrierungen wird der gesamte Ablauf einer Kalibrierung, bis hin zu Form und Inhalt der Kalibrierscheine von der DAkkS / vom DKD vorgeschrieben, was zu einem wesentlich höheren Aufwand bei diesen Kalibrierungen führt.

Für die Erstellung von Werkskalibrierscheine gibt es nicht für alle Parameter Vorgaben und liegt dann im Ermessensbereich des Kalibrierlaboratoriums.

Bei Werkskalibrierscheinen muss daher unbedingt darauf geachtet werden, dass die Messunsicherheit als auch die Anteile, die zur Messunsicherheit führen, ausgewiesen sind.

Kalibrierungen ohne Angabe der Messunsicherheit sind wertlos.

Ob Werks- oder DAkkS-Kalibrierungen notwendig sind, entscheidet eine Kalibrierhierarchie, die für den Betrieb angelegt werden sollte.

Messkette oder Einzelgeräte

Das Internationale Wörterbuch der Metrologie definiert eine Messkette wie folgt:

„Messkette - Folge von Elementen eines Messsystems, die einen einzigen Weg des Signals von einem Messaufnehmer zu einem Ausgabeelement bildet."

Ist man in der Situation entscheiden zu müssen, ob man Einzelkomponenten oder eine gesamte Messkette zur Kalibrierung vorzustellen, sollte bedacht werden:

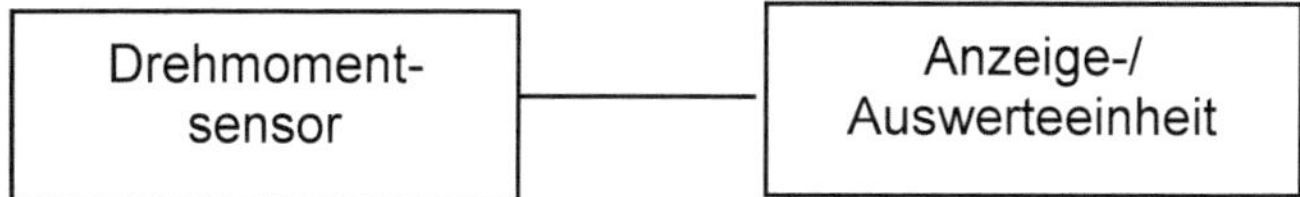

Als Messkette kalibriert hat die abgebildete Beispielmesskette – die idealerweise zusammen kalibriert wurde – eine Gesamtmess-unsicherheit x. Würden die Komponenten jedoch einzeln kalibriert, ergeben diese Kalibrierungen die Einzelmessunsicherheiten y und z.

Die Gesamtmessunsicherheit muss nun selbst errechnet werden: Wie im Kapitel „Messunsicherheit" beschrieben kann im einfachsten Fall eine geometrische Addition, multipliziert mit dem Erweiterungsfaktor k sein:

$$u = \sqrt{y^2 + z^2} * k$$

Die resultierende erweiterte Messunsicherheit ist in der Regel größer als die Messunsicherheit x, die bei einer Messkettenkalibrierung erreicht wird.

„Passt" diese Messunsicherheit in das eigene Messunsicherheitsbudget, so kann eine Kalibrierung der Einzelkomponenten sinnvoll bzw. wirtschaft(licher) sein .
Grundsätzlich ist jedoch von einer Auftrennung von Messketten abzuraten.

Ausfall eines Messgeräts / Reparaturen

Was ist zu tun, wenn innerhalb des Kalibrierintervalls ein Mess- und Prüfgerät ausfällt?
Hier reicht eine Reparatur nicht – eine Kalibrierung muss im Anschluss erfolgen.

Selbst wenn z.B. an einem größeren Prüfstand „nur" das Netzteil ausfällt und keine Messwertaufnehmer (z.B. Sensoren oder Simulatoren) betroffen sind, ist eine ganzheitliche Kalibrierung erforderlich:

Ein solcher Prüfstand ist ein komplexes System – auch individuelle Einstellungen am Netzteil können Auswirkungen auf die Messgenauigkeit und damit Messunsicherheit des Systems haben.

Eine Sicherheit, dass ein Prüfstand maßhaltig und einsatzbereit ist, gibt nur eine Kalibrierung im Anschluss an die Reparatur.

Auch von einer teilweisen Kalibrierung (z.B. nach Ausfall des Ohmbereichs eines Multimeters) ist abzuraten – niemand kann ohne Überprüfung(die einer Kalibrierung gleichkommt) Auswirkungen des defekten Messbereichs auf das übrige Messgerät ausschließen.

Kalibrierung: Labor, „on-site" oder „in-situ"

Kalibrierungen werden - so weit wie technisch möglich - flexibel und den Kundenwünschen entsprechend und unter Berücksichtigung der formalen Vorgaben durchgeführt.

- Am Ende der Herstellungskette erfolgt die **Erstkalibrierung** im Werk („end of line calibration").

- Rekalibrierungen werden in einem Kalibrierlabor entweder als **rückführbare Kalibrierung** oder als **Servicekalibrierungen** (Werkskalibrierungen) durchgeführt.

- Vor Ort beim Kunden (**on-site**) werden häufig Servicekalibrierungen angeboten und in vielen Parametern auch rückführbare Kalibrierungen. Vor Beauftragung eines Kalibrierdienstleisters muss nachgefragt oder geprüft werden, ober dieser Dienstleister auch für on-site Kalibrierungen akkreditiert ist.

- In einigen Fällen ist nur eine „**in-situ**"-Kalibrierung möglich: überall dort, wo aufgrund von Vorgaben der Messaufbau nicht demontiert werden darf (z.B. in der Medizintechnik). In der Regel wird eine spezielle Zertifizierung oder Zulassung benötigt.

Auswahl des Kalibrierlabors

Nach dem Treffen der Entscheidungen hinsichtlich Messkettenkalibrierung oder Kalibrierung von Einzelkomponenten gilt es nun, ein geeignetes Kalibrierlabor auszuwählen und das Mess- und Prüfgerät zur Kalibrierung anzumelden.

Eine einfache Abgabe zur Kalibrierung ohne Hinweise oder Vereinbarungen kann der Vorstellung eines Kraftfahrzeugs in einer Werkstatt mit der Bitte um Inspektion entsprechen: was soll genau gemacht werden? Was kann oder darf im Leistungsumfang enthalten sein? Die Vorstellung zur Kalibrierung darf nicht ein Freibrief für Maßnahmen sein, die das Kalibrierlabor für notwendig befindet, sondern muss auf das Anforderungsprofil der beauftragenden Firma und das jeweilige Messgerät zugeschnitten sein.
Als Grundlage für eine Kalibrierung wird die Vorlage des oben beschriebenen Datenblatts empfohlen. Dieses Datenblatt kann jetzt Forderungsgrundlage für die Kalibrierstelle hinsichtlich Ihres Leistungsumfangs sein – es kann (z.B. anhand der Darstellung des Akkreditierungsumfangs Internet auf der Homepage des DAkkS:

http://www.dakks.de/content/akkreditierte-stellen-dakks) geprüft werden, ob die Kalibrierstelle den geforderten Leistungsumfang des Datenblattes erfüllt.

Wird z.B. ein Multimeter zur DAkkS-Kalibrierung vorgestellt, so ist die typische Erwartungshaltung, ein rundum kalibriertes Messgerät zurück zu erhalten. Im Falle eines Multimeters wären dies mindestens Spannung, Strom, Widerstand – bei modernen Geräten auch Temperatur, Diodentest usw. .
Eine solche „Rundumkalibrierung" ist in vielen Fällen wirtschaftlich nicht sinnvoll: wird das Multimeter z.B. nur zur Messung von Spannungen eingesetzt, werden alle übrigen Parameter ohne Nutzen aber mit recht hohen Kosten kalibriert. Der auf dem Datenblatt festgehaltene wirklich benötigte Leistungsumfang hilft, diese unnötigen Kosten einzusparen.
Auch hinsichtlich des gewählten Kalibrierlabors hilft eine solche Festlegung: ein Kalibrierlabor, welches für Spannung akkreditiert ist, ist nicht zwangsläufig auch für Strom oder Widerstand akkreditiert. So kann es passieren, dass für den Spannungsbereich ein DAkkS-Kalibrierschein ausgestellt wird, für die übrigen Messbereiche lediglich ein Werkskalibrierschein.
Die Entscheidung, ob dies ausreichend ist, sollte vor Abgabe zur Kalibrierung und Auftragserteilung getroffen werden.

Qualität der Kalibrierung

Je nach Messgerätetyp kann es vorkommen, dass unterschiedliche Qualitäten der Kalibrierung angeboten werden.
Dies trifft häufig zu bei Messgeräten, die man einer Klassenunterteilung unterziehen kann.
Hier muss analysiert werden, welche Klasse für das eigene Messgerät zutrifft. Aus der Klasse ergibt sich die Anforderung an die Messunsicherheit.
Viele Kalibriereinrichtungen geben gestaffelte Preise für die Kalibrierung nach Klasse an – hier lässt sich bei richtiger Auswahl entsprechend sparen.

Bei vor-Ort Kalibrierungen – also Kalibrierungen, bei denen der Kalibrierer in den Betrieb kommt – muss ebenfalls zuvor recherchiert werden, welche Messunsicherheit vor Ort geleistet werden kann.
Dies kann durch eine Anfrage an die Kalibrierstelle erfolgen – besser ist aber die Auskunft des Akkreditierungsumfangs, den man auf der Homepage des DAkkS unter http://www.dakks.de/content/akkreditierte-stellen-dakks) abfragen kann. Bei akkreditierten Kalibrierlaboratorien ist die beste zu erzielende Messunsicherheit vor Ort nicht immer gleich der erzielbaren Messunsicherheit im Labor.

Nach der Kalibrierung

Erhält man das Messgerät nach erfolgter Kalibrierung zurück, sollte dringend eine Überprüfung erfolgen. In einem Kalibrierlabor können messtechnische, aber auch z.B. formale Fehler entstehen – auch hier sind „nur" Menschen bei der Arbeit - es empfiehlt sich das Anlegen einer Checkliste:

Kalibrierschein:
- Wurde ein Kalibrierschein geliefert?
- Stimmen die Angaben im Kalibrierschein?
- Gerätedaten wie Serialnummer
- Auftragsnummer
- Kunde / Auftraggeber: ist ein Dienstleister mit der Messmittelüberwachung beauftragt und beauftragt auch die Kalibrierstelle, darf nicht dessen Name im Kalibrierschein geführt werden: es muss der Name des Gerätehalters aufgeführt sein.
- Passt der im Kalibrierschein dokumentierte Kalibrierumfang zur Beauftragung?
- Ist der Kalibrierschein messtechnisch plausibel? Stimmen Messbereich und /oder Messrichtungen?
- Sind bei der Listung der verwendeten Normale Daten zur Rekalibrierung angegeben und noch gültig?

Kompendium Kalibrierung

Überprüfungen am Gerät:
* Wurde eine Kalibriermarke aufgebracht?
* Stimmen die Eintragungen auf der Marke?
* Ist das zurückgelieferte Zubehör (Netzanschlussleitung, Rack-Mount-Kit, Handbuch, Adapter o.ä.) vollständig?
* Wurde (je nach Gerätetyp) eine Prüfung auf elektrische Sicherheit vorgenommen und dokumentiert?

Der wichtigste Schritt ist aber die Auswertung des Kalibrierscheins:
Es muss überprüft werden,
* ob das Mess- und Prüfgerät sich innerhalb der Toleranz befindet / befunden hat
* ggf. ein Abgleich erfolgt ist .

Sollte sich herausstellen, dass das Messgerät in einem oder mehreren Parametern außer Toleranz war / ist, müssen sofort Maßnahmen eingeleitet werden. Dies kann der Rückruf von Produkten sein, die mit dem betroffenen Messgerät vermessen oder überwacht wurden oder eine Nacharbeit von Werkstücken.

Gute und verantwortungsvolle Kalibriereinrichtungen geben an den Gerätehalter eine Mitteilung ab, falls Unregelmäßigkeiten festgestellt werden.

Für den Fall, dass ein Mess- und Prüfgerät als „außer Toleranz" festgestellt wird, sollte im Qualitätsmanagementhandbuch unbedingt ein Kapitel über die ist anzuwendenden Maßnahmen enthalten sein.

Eine Abgrenzung soll der Vollständigkeit halber aufgeführt sein: Die oben genannten Punkte treffen nur zu, wenn ein Gerät im guten Glauben zur Kalibrierung gegeben wird, dass es in Ordnung ist.

Fällt ein Gerät durch Versagen, Störung oder Bruch aus, so kann man sofort entsprechende Entscheidungen treffen – ein Kalibrierschein nach erfolgter Reparatur sollte nicht erst abgewartet werden.

Messmittelfähigkeitsuntersuchung MFU

Der Begriff „Maschinenfähigkeit" stammt aus der Produktionstechnik und hat mit Kalibrierung – nichts! – zu tun.

Gerne werden jedoch im Bereich industrieller Verschraubungen Anfragen zur Durchführung auch an Kalibrierdienstleister für Drehmoment oder Drehwinkel gestellt.

Der Begriff „Maschinenfähigkeit" bezieht sich auf einen Prozess, der untersucht und ausweisen kann, ob man mit einer Maschine mit ausreichender Sicherheit vor Fehlern produzieren kann. Häufig fordert die Automobilindustrie den Nachweis einer MFU und das Erreichen oder Überschreiten vorgegebener Kennwerte. Diese Kennwerte sind die beiden Indizes / Kennzahlen Cp und CpK.

Um zum Beispiel den Einfluss eines Schraubers auf den Fertigungsprozess zu untersuchen, werden an Hand eines reproduzierbaren Messaufbaus 50 Messwerte ohne Unterbrechung unter optimalen Bedingungen durchgeführt und mit einem geeignetem Referenzsystem aufgezeichnet.

Dann wird in Abhängigkeit von den geforderten Toleranzwerten (Grenzwerte) sowie der ermittelten Standardabweichung der Maschinenfähigkeitsindex (Cmk) ermittelt.

Als Faktoren, die maßgeblich Einfluss auf das Untersuchungsergebnis haben, gelten die 5-M-Einflüsse: Mensch, Material, Messmethode, Maschinentemperatur und Fertigungsmethode.

Diese dürfen sich nicht bzw. nur gering ändern.

- Mensch: Dieselbe Person muss die Maschine während der Untersuchung bedienen.
- Material: Es muss das gleiche Material verwendet werden.
- Messmethode: Gemessen wird über die ganze Untersuchungsdauer mit demselben Messgerät.
- Maschinentemperatur: Die Temperatur der Maschine soll nicht schwanken und hat Betriebstemperatur erreicht.
- Fertigungsmethode: Es wird die gleiche Fertigungsmethode (Verfahren) angewendet.

Nach Abschluss der Messreihe ermittelt man die für die Stichprobe zutreffende statistische Verteilung. Grundsätzlich kann eine Normalverteilung angenommen werden, in der Praxis kommen jedoch komplexere Methoden zur Anwendung.

Nach Bestimmung von Lage und Streuung der gemessenen Größe kann die Maschinenfähigkeit als Zahlenwert ermittelt werden.

Häufig wird eine Maschinenfähigkeit von 1,33 (entspricht 4 σ Standardabweichung bei Normalverteilung) oder 1,67 (entspricht 5 σ) angesetzt. Je kleiner der Wert ist, desto schlechter ist die Maschinenfähigkeit.

Messmittelfähigkeitsanalyse

Der Begriff **Messmittelfähigkeitsanalyse** auch Messsystemanalyse oder Prüfmittel-Fähigkeitsanalyse, kurz MSA (Englisch: Measurement System Analysis), bezeichnet, ist ein abgeleiteter Begriff aus dem Six Sigma (6σ), einem Managementsystem zur Prozessverbesserung, statistisches Qualitätsziel und eine Methode des Qualitätsmanagements.

Diese Begriffe stehen für die Analyse der Fähigkeit von Messmitteln und kompletten Messsystemen.

Auch diese Begriffe haben mit Kalibrierung unmittelbar nichts zu tun. Sie bauen aber immer auf (rückführbar) kalibrierte Messgeräte auf – dies ist in jedem Fall unverzichtbar.

 Eine Messmittelfähigkeit muss vielmehr bereits vor und nach Anschaffung eines Messgerätes betrachtet werden: Werden Messgeräte zur kontinuierlichen Überwachung direkt in den Produktionsablauf eingebunden, so sollte bereits beim Design dieser Produktionsanlage geprüft werden, ob die vorgesehen Messgeräte für den Anwendungsfall geeignet sind.

Kompendium Kalibrierung

Die am Anfang dieses Buches beschriebenen Grundeigenschaften eines jeden Messgerätes

- Genauigkeit, Richtigkeit, systematische Messabweichung (engl. accuracy, trueness, bias)
- Wiederholpräzision, Wiederholbarkeit (engl. repeatability)
- Vergleichspräzision, Nachvollziehbarkeit (engl. reproducibility)
- Stabilität (engl. stability)
- Linearität (engl. linearity)

werden bei einer Messmittelfähigkeitsanalyse als Messabweichungen betrachtet. Diese gilt es durch fallsweise anzuwendende Verfahren ermittelt und bewertet:

Verfahren 1 (engl. type-1 study)

Dieses Verfahren untersucht die Genauigkeit und Wiederholpräzision eines Messsystems. Für die Untersuchung wird gegen ein Normal 25 bis 50-mal gemessen. Basierend auf der Standardabweichung der Messwerte und der systematischen Messabweichung werden dann die Indizes Cg und Cgk berechnet. Die Rechenschritte entsprechen denen einer Prozessfähigkeitsuntersuchung. Dieses ist das typische Verfahren, mit dem VOR Nutzung die Eignung festgestellt werden sollte.

Verfahren 2 (engl. type-2 study, Gauge R&R study)

Dieses Verfahren untersucht die Wiederhol- und Vergleichspräzision eines Messmittels und wird in der Regel als Wiederholungsprüfung (als Abgrenzung zur Prüfung zur Feststellung der Eignung „study 1) z.B. auch vor oder bei Audits genutzt..

Der Name kommt aus dem englischen „repeatability and reproducibility", daher R&R oder auch Gauge R&R bzw. Gage R&R (engl. ga[u]ge = Messgerät) und wird erst dann angewendet, wenn das Messmittel nach Verfahren 1 als fähig eingestuft worden ist.

Zehn Prüfobjekte, die möglichst den gesamten Streubereich des gemessenen Merkmals abdecken sollten, werden zwei- oder dreimal von drei verschiedenen Bedienern (bzw. an drei verschiedenen Orten oder mit drei verschiedenen Geräten desselben Typs) gemessen. Die Ergebnisse sind je Bediener verschlossen zu halten der anderen Bediener sehen. Die Prüfobjekte sollen in zufälliger Reihenfolge gemessen werden, um eine Übernahme von Ergebnisse („aus dem Gedächtnis") aus der vorangegangenen Messung zu vermeiden
Sind die Messreihen abgeschlossen, wird für jeden Bediener ein Gesamtmittelwert und ein durchschnittlicher Spannweitenwert (basierend auf den Differenzen zwischen dem größten und kleinsten Messwert, den der Bediener für jedes Teil ermittelt hat) berechnet. Die Differenz zwischen dem größten

und dem kleinsten Bedienermittelwert lässt eine Aussage über die Vergleichspräzision zu; der Gesamtmittelwert der für die einzelnen Bediener errechneten durchschnittlichen Spannweitenwerte wird zu einer Aussage über die Wiederholpräzision herangezogen. Ausgehend von Wiederhol- und Vergleichspräzision wird dann die Gesamtstreuung des Messmittels berechnet und in Beziehung zur Merkmalsstreuung bzw. Toleranz gesetzt.

Verfahren 3 (engl. type-3 study, R&R study)
Dieses Verfahren 3 ist ein Sonderfall des Verfahrens 2, welches annimmt, dass der Bediener die Messeinrichtung nicht beeinflussen kann oder der Einfluss vernachlässigbar ist und kommt vor allem bei automatisierten Messsystemen zur Anwendung.

Wenn auch die grundsätzliche Systematik den oben beschriebenen Prüfungen entspricht, gibt es keine „Standard Messsystemanalyse". Für fast jedem Bereich gibt es Durchführungsbestimmungen, gerne auch als VDE/VDI-Blatt ausgelegt.

Die Automobilindustrie hat einen Leitfaden „Fähigkeitsnachweis von Messsystemen" erarbeitet und herausgegeben. Dieser gilt allgemein als Richtlinie für die Ermittlung der Messmittelfähigkeit.

Literaturverzeichnis

Quelliteratur / Genutzte und zitierte Quellen:

Burghart Brinkmann
„Internationales Wörterbuch der Metrologie - Grundlegende und allgemeine Begriffe und zugeordnete Benennungen (VIM)"
Beuth Verlag

PTB, Physikalisch-Technische Bundesanstalt
Nationales Metrologieinstitut
PTB-Infoblatt, 2017
„Das neue Internationale Einheitensystem (SI)"

PTB, Physikalisch-Technische Bundesanstalt
Nationales Metrologieinstitut
„Die gesetzlichen Einheiten in Deutschland"

DIN EN ISO 9001:2015
„Qualitätsmanagementsysteme Anforderungen"
Beuth Verlag

DIN EN ISO 10012:2004-03
"Messmanagementsysteme - Anforderungen an Messprozesse und Messmittel"

DIN EN ISO / IEC 17025:2018
"Allgemeine Anforderungen an die Kompetenz von Prüf- und Kalibrierlaboratorien"
Beuth Verlag

DIN EN ISO 19011:2011-12
" *Leitfaden zur Auditierung von Managementsystemen*"
Beuth Verlag

DIN 51309:2005-12
*„Werkstoffprüfmaschinen– Kalibrierung von
Drehmomentmessgeräten für statische Drehmomente"*
Beuth Verlag

DIN ISO 55350-11:2008-05
*"Begriffe zum Qualitätsmanagement - Teil 11: Ergänzung
zu DIN EN ISO 9000:2005"*
Beuth Verlag

Deutscher Kalibrierdienst, Richtlinien / Leitfäden
*"Rückführung von Mess- und Prüfmitteln auf nationale
Normale"*
www.dkd.eu

Bernd Pesch
*"Messunsicherheit: Basiswissen für Einsteiger und
Anwender"*
Books on Demand

Peter Jäger
„Messmittelmanagement und Kalibrierung"
Books on Demand, ISBN 9783750434189